JN052017

Juliaではじめる
数値計算入門

Introduction to
Numerical Calculations with Julia

永井佑紀＝著
Yuki Nagai

技術評論社

本書をお読みになる前に

- 本書に記載された内容は、情報の提供のみを目的としています。したがって、本書を用いた運用は、必ずお客様自身の責任と判断によって行ってください。ソフトウェアの操作や掲載されているプログラム等の実行結果など、これらの運用の結果について、技術評論社および著者、サービス提供者はいかなる責任も負いません。
- 本書記載の情報は、2024年4月現在のものを掲載しています。ご利用時には変更されている場合もあります。ソフトウェア等はバージョンアップされる場合があり、本書での説明とは機能内容や画面図などが異なってしまうこともあり得ます。本書ご購入の前に、必ずバージョン番号をご確認ください。

以上の注意事項をご承諾いただいたうえで、本書をご利用願います。これらの注意事項をお読みいただかずにお問い合わせいただいても、技術評論社および著者、サービス提供者は対処しかねます。あらかじめ、ご承知おきください。

はじめに

近年、どのようなプログラミング言語を使っているとしても、何らかのライブラリやパッケージを読み込んで、それらのパッケージの機能を組み合わせたコードを書き、目的の結果を得ることが多くなっています。例えば、機械学習分野では、PythonからPyTorch等の様々なパッケージを呼び出すことで、気軽に機械学習を行うことができます。一般的な数値計算においても、Pythonの外部パッケージを呼び出すことで、行列の対角化や数値積分など、気軽に実行することができます。しかし、自分のやりたい機能がパッケージになかった場合、途方に暮れてしまうことになります。あるいは、やりたい機能がパッケージにあったとしても、それをブラックボックスのまま使うだけでは、そのパッケージなしでは何もできない状態に陥ってしまうかもしれません。また、人工知能が進展し、今後ツールにより様々な自動コード生成が可能になったとしても、そのコードが正しいかどうかを判断するかを理解できた方が、より良くツールを使うことができるようになるでしょう。数値計算手法の中身を理解する、ということは、現在でも重要なことかと思います。

本書では、「Pythonのように書きやすく、CやFortranのように速い」と呼ばれるJulia言語によるプログラミング手法を、具体的な数値計算手法の実装を通じて学ぶことを目的としています。新しいアルゴリズムを学びたいとき、それぞれのプログラミング言語特有の特殊事情をある程度理解しないと実装するのが難しい、ということがあるかと思います。そして、何も考えずに書いてしまうと異常に遅くなり実用に耐えないものが出来上がってしまう場合さえもあります。しかし、Julia言語を使うことで、アルゴリズムをそのまま実装するかのような書き方ができます。Julia言語を使えば、最小限のコーディング上の注意さえ把握しておけば、高速で実用的なアルゴリズム通りの実装を簡単に行うことができます。そのため、数値計算のアルゴリズムを学ぶ意味では、Julia言語は最適なプログラミング言語の一つと言えるでしょう。

本書では、第一部ではJulia言語の基本を理解し、第二部では、オリジナルの数値計算パッケージを作りながら、普段パッケージを呼び出すことで済ませている各種の数値計算手法（連立方程式、非線型方程式、固有値問題、数値積分、補間と近似、常微分方程式、偏微分方程式）の中身を理解することを目的としています。コードを書き写しながら実行することで、Juliaでのコード方法を習得することができ、また、計算科学で知っておくべき基本的なアルゴリズムを理解することができます。基本的には、第二部はどの手法から読んでも読めるように書いていますので、ご自分の気になる手法から読み進めても構いません。

2024年5月　永井佑紀

CONTENTS

第 I 部

基礎編

CHAPTER 1 Juliaをはじめよう

1-1 Juliaの特徴

この本を手に取っている方は、何らかの数値計算に興味があると思います。ここではまず、数値計算を行うためのプログラミング言語という観点でJuliaの特徴について述べようと思います。Juliaの特徴を箇条書きにすると以下の通りです。

1. Pythonのように書きやすい（学習コストが低い）
2. 数式をそのままの見た目に近い形でコーディングできる
3. 動的コンパイル言語（実行前にコンパイルが必要ない）
4. FortranやCのように高速
5. 多重ディスパッチ（コードの拡張がしやすい）
6. 充実したパッケージ管理システム

それぞれの点について簡単に述べます。

1-1-1 Pythonのように書きやすい（学習コストが低い）

Juliaは直感的な書き方が可能な文法となっています。特に、MatlabやPythonを使ったことがある方であれば、すんなりと勉強しやすいと思います。また、C言語を学び始めたときに言われるような「おまじない」的なものが少ないのも特徴です。例えば、

```
x = [1,2,3]
y = sum(x)
```

などとすれば、「配列を定義してその和を計算する」ことが可能です。文法がわかりやすいおかげで、コーディングに費やす時間を短くすることができ、自分のやりたい数値計算そのものに注力することが可能です。

1-1-2 数式をそのままの見た目に近い形でコーディングできる

先述した書きやすいこととも関連しますが、JuliaではUnicodeが使えるため、ギリシャ文字等を使うことができます。例えば、

```
f(α,θ) = exp(im*α*θ)
```

これは、関数 $f(\alpha, \theta) = e^{i\alpha\theta}$ を定義したことになります。さまざまな数値計算ではギリシャ文字が変数として使われるのはよくあるため、この特徴はコードの可読性をあげてくれます。

1-1-3 動的コンパイル言語(実行前にコンパイルが必要ない)

プログラミング言語には、書いたコードを機械が実行可能な形にする作業「コンパイル」を行った後に実行する言語（FortranやC言語など）と、実行時にコードをその場で解析しながら実行するインタプリタ言語（PythonやRubyなど）があります。

コンパイルという作業は人間が読めるコードを機械が読めるコードに翻訳する作業です。この作業を通じて使っているマシンに応じたコードの最適化が行われ、コードを高速に実行することができます。複数のコードと複数のライブラリからなるプログラムの場合、コンパイルによってそれらの依存関係が正しく考慮された一つの実行ファイルが生成されます。

逆にいえば、プログラムの開発者が存在を想定しているライブラリが自分のマシンにおいて正しく動かない場合、コンパイルに失敗し、実行できないことになります。どのライブラリをどのようにリンクするか、というのは初心者やそのプログラムに慣れていない人にとっては難しく、「コードはあるのに実行できない」という事態がたびたび生じます。Pythonなどのインタプリタ言語の場合、実行時にコンパイルという作業が必要なく、コードをそのまま走らせることができます。もちろん、複数のコードからなるパッケージもありますが、それぞれの個別のパッケージが動くことがわかっていれば、大抵の場合問題なく動かすことができます。しかし、コンパイルが必要な言語と比べて速度が出ない傾向にあります。

Juliaの場合、Pythonのようにコードをそのまま走らせることができ、明示的なコンパイルが必要ありません。つまり、Juliaは静的なコンパイル言語ではなく、動的なコンパイル言語です。しかし、コードが実行される過程で動的にコンパイルが行われ、最適化されたコードによって高速に動作します。これによって、実行前コンパイル作業という（初心者にとって）煩雑な工程を行うことなしにコード開発が可能とな

っており、気軽にコードの開発や機能追加を行うことができます。

1-1-4 FortranやCのように高速

数値計算を行うためのプログラミング言語を選択する際に重要となる要素はいくつか考えられますが、特に重視されるのは計算速度です。最先端の物理学のシミュレーションでは、スーパーコンピュータがよく用いられますが、計算速度が速いC言語やFortranが未だに現役として使われています。

Juliaは、これらのC言語やFortranに匹敵する速度を出すことができます。これは、動的コンパイルによって、計算機に最適なコードが生成されているためです。学びやすさと書きやすさを持ちながらも、高速に動作するということで、現代の数値計算では非常に有利な性質を持っています。

1-1-5 多重ディスパッチ(コードの拡張がしやすい)

Juliaの大きな特徴の一つは、多重ディスパッチです。これは、同じ名前の関数を複数定義することができ、どの定義を呼び出すかを引数の型に応じて動的に変えることができる、という機構です。例えば、「犬が n 回"ワン"と鳴く関数」と「蛙が n 回"ケロ"と鳴く関数」を、

```
001 struct 犬 end
002 struct 蛙 end
003 function 鳴く(C::犬,n)
004     println("ワン"^n)
005 end
006 function 鳴く(C::蛙,n)
007     println("ケロ"^n)
008 end
009 n=4
010 c = 犬()
011 鳴く(c,n)
012 d = 蛙()
013 鳴く(d,n)
```

のように両方「鳴く」で定義(JuliaはUnicodeが使えるので日本語の変数や関数を定義できます)すると、引数に「犬」が入るか「蛙」が入るかで挙動を変えることが

できます。これは多くのプログラミング言語で同様のことが可能ですが、Juliaの場合「犬と蛙が両方引数で入ったとき、 n 回"ゲゲゲワン"と鳴く」という関数も、

```
001  function 鳴く(A::犬,C::蛙,n)
002      println("ゲゲゲワン"^n)
003  end
004  鳴く(c,d,n)
```

のように定義することができます。この性質は既存のコードの機能を拡張したい場合にも有用です。

例えば、すでに「犬」に関するパッケージと「蛙」に関するパッケージがある場合に、犬と蛙の両方を同時に扱うパッケージを開発したいとします。このとき、二つのパッケージの中身を全くいじることなく『鳴く(A::犬,C::蛙,n)』を定義することで新しいパッケージを開発することができます。そして、犬に関する新しい関数『激しく鳴く(A::犬)』なども、犬のパッケージをいじることなく新しいパッケージで定義して利用することができます。この多重ディスパッチという機構によって、Juliaは書きやすい言語となっています。

● 1-1-6 充実したパッケージ管理システム

Juliaは2018年にバージョン1がリリースされた新しいプログラミング言語で、最新のプログラミング技術の知見が活かされています。その一つとして、Juliaはパッケージ管理システムを標準で備えている、という特徴があります。
「パッケージ」とは、ある機能が含まれたコード一式のことを意味します。あるパッケージが別の外部パッケージを必要とする（例えば、線形代数のパッケージを用いて固有値を計算することなど）ことはどのプログラミング言語でもよくあります。そして、あるパッケージの開発者は、開発したときに使った別の外部パッケージの特定バージョンでのみ動作確認をしていることもよくあります。Juliaの場合、そのパッケージが動作するために使う外部パッケージのバージョンの範囲を指定することができます。そして、Juliaは、パッケージのインストール時に動作確認したバージョンの外部パッケージを自動的にインストールしてくれます。これによって、利用者はバージョン違いに悩まされることなく安心してパッケージを導入することができます。

また、パッケージの作成は非常に気軽に行うことができ、自分で書いたコードをパッケージ化して再利用することもできます。

1-2 インストール方法

Juliaのインストール方法について、主要なOSごとに解説します。2024年5月現在、Juliaの最新バージョンは1.10です。他のバージョンでも基本的なインストール方法は変わらないと思います。

1-2-1 Juliaupを使用する方法

Juliaのインストール方法はいくつかの方法がありますが、2024年5月現在、初心者にもわかりやすいインストール方法はJuliaupを使用する方法かと思います。それぞれのOSごとに、インストール方法について解説します。

Windows OSの場合(Windows 11　Pro 22H2で確認)

JuliaはWindowsストアにあるため、ストアの検索で「Julia」と入れ、指示に従ってインストールすることができます。Windows PowerShellを使う場合には

```
winget install julia -s msstore
```

とすることでインストールすることができます。どちらのインストール方法もやっていることは同じで、最新版のJuliaをインストールし、環境変数も設定してくれます。これで、Windows PowerShellで

```
julia
```

と入れれば実行する準備が整います。

Mac OSやLinux OSの場合

端末（Macであればターミナル、Linuxであれば好きな端末）において、

```
curl -fsSL https://install.julialang.org | sh
```

を実行することでインストールができます。そのあとは.zshrcをリロードするか、新しい端末を開き直し

```
julia
```

と入れれば立ち上げることができます。

どのOSであれ、Juliaのバージョンアップをしたい場合には

```
juliaup update
```

とすることで最新版のJuliaにアップデートすることができます。

● 1-2-2 バイナリをダウンロードする方法

Juliaupを使わないでインストールすることもできます。例えば、クラスターやスーパーコンピュータなどにJuliaにインストールする場合には、下記に書かれてある方法を用いて自分のhomeディレクトリにJuliaを置いて使用することができます。しかし、クラスターやスーパーコンピュータにおいてもJuliaupを使う方法でインストールすることは基本的には可能なため、まずJuliaupを使った方法を試し、それができなかった場合には下記のインストール方法を試すといいでしょう。

どのOSでも共通なことは、公式サイト(https://julialang.org)に行き「Download」をクリックしてダウンロードページ(https://julialang.org/downloads/)に行くことです。検索で「Julialang」と入れることで公式ページを見つけられると思います。

Windows OSの場合(Windows 11　Pro 22H2で確認)

Windowsの場合は「Windows」の欄の「64-bit (installer)」をクリックし、「julia-1.10.2-win64.exe」をダウンロードしましょう。32ビット用のインストーラーもありますが、最近のWindows PCの場合は64ビットの方を選んでおけば間違いはありません。その後、ダウンロードしたインストーラーを開き、指示に従ってインストールします。基本的には「Next」のボタンを押していけばインストールは完了します。インストールが完了すると、プログラムの中に「Julia 1.10」が現れます。そちらをクリックして無事に開くことができればインストールは完了となります。

環境設定についてです。「設定」の「システム」「バージョン情報」のところの「システムの詳細設定」をクリックし「システムのプロパティ」画面を開きます。「詳細設定」タブの右下の「環境変数」をクリックし、「環境変数」画面を開きます。上の「ユーザーの環境変数」の「Path」をダブルクリックし「環境変数名の編集」画面を開きましょう。そして「新規」ボタンをクリックし、

「C:¥Users¥yuki¥AppData¥Local¥Programs¥Julia-1.10.2¥bin」と入れてください（ユーザー名yukiはご自分のユーザー名に変更してください。また、1.10.2の

部分は先ほどインストールしたバージョンに合わせてください)。あとは、「OK」を押してそれぞれのウィンドウを閉じてください。

Mac OSの場合(macOS 13.5で確認)

最近のMac(M1やM2などというApple製のCPUが使われているもの)の場合は、「macOS (Apple Silicon)」の欄の「64-bit (.dmg)」をクリックします。すると、「julia-1.10.2-macaarch64.dmg」というファイルがダウンロードされます(1.10の部分はインストールしたいバージョンに合わせて適宜読み替えてください)。Intel製のCPUを持つMacの場合には「macOS x86 (Intel or Rosetta)」の欄の「64-bit (.dmg)」をクリックすることで、「julia-1.10.2-mac64.dmg」というファイルがダウンロードされます。どちらにせよ、ダウンロードしたファイルを開き、中の「Julia-1.10」というアイコンを「アプリケーション」フォルダにドラッグアンドドロップしてください。これでインストールは完了です。Julia-1.10をダブルクリックして開ければ、インストールは成功しています。

環境設定についてです。Mac OS Catalina以降であれば、ターミナルを開き、ホームディレクトリにあるファイル`.zshrc`を開き、`export PATH=/Applications/Julia-1.10.app/Contents/Resources/julia/bin:$PATH`を追記します。Mac OS Catalina未満の場合には、`.bashrc`を開き同様に追記してください。

Linux OSの場合

Linuxの場合も自分のPCのCPUの種類に合わせたファイルをダウンロードページからダウンロードします。その後、解答するとbinディレクトリにJuliaのアプリケーションが入っているため、実行できればインストールは完了しています。なお、インストールする際にRoot権限は必要ないため、Homeディレクトリなどで解凍しておけばいいでしょう。Root権限が必要ないため、共用のクラスターマシンやスーパーコンピュータ上でも気軽にインストールしてJuliaを使用することができます。

環境設定についてです。解凍してできたbinディレクトリをPATHに追加します(bashであればMacと同様に.bashrcに記述します)。

● 1-2-3 実行方法

　どのようにインストールしたとしても、上に書いたように作業すればJuliaは使えるようになります。このとき

```
               _
   _       _ _(_)_     |  Documentation: https://docs.julialang.org
  (_)     | (_) (_)    |
   _ _   _| |_  __ _   |  Type "?" for help, "]?" for Pkg help.
  | | | | | | |/ _` |  |
  | | |_| | | | (_| |  |  Version 1.10.2 (2024-03-01)
 _/ |\__'_|_|_|\__'_|  |  Official https://julialang.org/ release
|__/                   |

julia>
```

のようなものが表示されていると思いますが、これはJuliaの「REPL」モードと呼ばれているものです。Pythonを「python」と立ち上げたときと似ており、そのまま計算をはじめることができます。一方、Juliaは他の方法でも実行することができます。例えば、端末（ターミナルあるいはWindows PowerShell等）において

```
julia test.jl
```

のような形で実行する場合、コードをあらかじめtest.jlに書き込み、それを走らせることができます。これもPythonで「python test.py」とするのと似ています。

　この他の方法としては、Jupyter notebookを使う方法もあります。その方法は巻末の付録に書きました。この本ではREPLあるいは端末でのJuliaの実行を念頭に置くことにします。

1-3 あったら便利なツール

　Juliaでコードを書く際に便利なツールを紹介します。コードを書く際にはどのエディタでも問題ありませんが、特にこだわりがなければ筆者はVisual Studio Code（VScode）をおすすめします。このエディタはMicrosoftが開発しているフリーのエディタで、軽量で高機能です。

CHAPTER 2 Juliaの基本

2-1 四則演算

Juliaでは非常に簡単に四則演算やその他の演算を実行することができます。REPLを起動し、実際にやってみましょう。

REPLを起動すると、

```
julia>
```

という状態になっていると思います。ここに好きな数字や計算を入れることで、電卓のように計算することが可能です。例えば、

```
julia> 1+2*3-4
3
```

となります。足し算は+、引き算は-、掛け算は*です。通常の数学と同じように、足し算と引き算と掛け算が混ざった計算の場合、掛け算を先に実行してから、左から順番に足し算と引き算を計算してくれます。次に、割り算ですが、割り算には二種類の記号があり、

```
julia> 4/2
2.0
julia> 4 ÷ 2
2
```

のように、/と÷があります。/の方は答えが小数で与えられる割り算で、

```
julia> 5/2
2.5
```

のようになります。一方、÷は商を計算するもので、

```
julia> 5 ÷ 2
2
```

となります。「5割る2は2余り1」の2が得られるわけです。この÷はREPLやVSCodeでは\divと打ってからTabキーを押すことで入力することができます。また、÷の代わりにdivを使って、

```
julia> div(5,2)
2
```

このようにすることも可能です。商が計算できるため余りももちろん計算することができ、

```
julia> 5 % 2
1
```

のように、%で余りも計算することができます。
　また、べき乗の計算は、

```
julia> 2^4
16
```

のように^の記号を使います。
　次に、関数電卓で計算するような量を計算してみましょう。関数電卓といえば三角関数の計算が真っ先に思いつくと思います。Juliaでは三角関数は、

```
julia> cos(2)
-0.4161468365471424
julia> sin(1.2)
0.9320390859672263
```

のように簡単に計算することができます。三角関数の中身はラジアンとなっており、

```
julia> cos(pi)
-1.0
```

となります。ここで、円周率としてpiを使いましたが、piはデフォルトで円周率と

して使えます。また、\piを打ってTabキーを押すことでπも使うことができ、

```
julia> sin(2π)
-2.4492935982947064e-16
```

と計算することができます。

さて、ここで、上記の計算に2点ほど気になる点がある方もいるかもしれません。一つは、数字の2とπがスペースなしにくっついて2πという形になっていることでしょう。Juliaでは、数学での記法と同じように、数字と記号の積の場合に積の記号*を省略することができます。これによって、より数学と似た形にすることができます。

もう一つは、$\sin(2\pi)$ がゼロになっていないことでしょう。何だか非常に小さいが有限の値になっています。これはコンピュータによる数値計算で避けることのできない精度の問題です。

コンピュータ上では無限の桁数を持つ実数を表現することができません。必ず有限の桁数で近似する必要があります。Juliaではデフォルトで16桁ほどを扱うことができます。これを倍精度実数と呼びます。したがって、計算の誤差は 10^{-16} 程度は残ることになります。逆に言えば、上の計算結果に出ている-2.4492935982947064e-16は数値誤差の範囲内でゼロであると言えます。

さらに、Juliaでは複素数を自然に扱うことができます。Juliaでの虚数はimで定義されるため、

```
julia> (1 + 3im)*(2+1im)
-1 + 7im
```

とすると、$(1+3i)(2+i)$ の計算ができます。

Juliaでは分数も扱うことができます。分数は

```
julia> 2 //3 + 3 //4
17//12
```

のように//の記号を使います。この分数は自動的に分母の有理化もしてくれるため、

```
julia> 1 // (3 + 2im)
3//13 - 2//13*im
```

となります。

基本的な演算について、数学での表記とJuliaでの表記を以下にまとめました。

表 数学での表記とJuliaでの表記の比較

数学	Juliaでの書き方
$1+2$	`1+2`
$5-4$	`5-4`
2×3	`2*3`
$11/3$	`11/3`
11を3で割った商	`11÷3`(`div(11,3)`も可)
11を3で割った余り	`11 % 3`
$\sqrt{2}\sin(0.4)/\cos(1.2)$	`sqrt(2)*sin(0.4)/cos(1.2)`
$2^4\log(2)+\log_2(10.2)\log_{10}(3)$	`2^4*log(2)+log2(10.2)*log10(3)`
$1+3i$	`1 + 3im`
$1+3i$の複素共役	`conj(1+3im)`
$\mathrm{Re}(e^{i\pi/4})+\mathrm{Im}(2+4i)$	`real(exp(im*π/4))+imag(2+4im)`
$\frac{1}{3}+\frac{1}{4}$	`1//3+1//4`
${}_nC_m$	`binomial(n, m)`
$n!$	`factorial(n)`

最後に、四則演算ではありませんが、コードに注釈をつけたい場合に利用するコメントアウト機能について述べます。

Juliaでは、#記号を使うとその文字以降はコードとして解釈されず無視されます。無視されるため、#以降をコメントを書く場所に使ったり、#以降のコードを無効にしたりすることができます。例えば、

```
2//3 #分数の計算
```

のように説明を入れることができます。また、#=と=#で囲むとその間のすべての行を無効化できます。例えば、

```
2//3 #= 分数の割り算
分数の割り算をしてくれているが、
この数字に意味があるかわからない
=#
```

とすると、複数行にわたって説明を入れることができます。

2-2 変数

上で述べてきたもののほとんどは関数電卓で実行できるような計算です。次は、数値計算において重要な概念である「変数」について述べます。

数学において、変数とは文字通り変化する数のことです。x や y などがよく使われると思います。数値計算においても変数は使われます。変数の値を変更することで、その変数を使った計算の値を変化させることができます。Julia（に限らず多くのプログラミング言語）では、左辺に変数を書き、右辺にその値を表記することで値を定義します。以下にさまざまな変数の定義について述べます。

2-2-1 整数、実数、複素数

数値計算は数学を計算機上で表現するものなので、数学で扱う数の多くを定義することができます。　例えば、

```
a = 3 #整数
b = 2.4 #実数
c = 3+3im #複素数
```

とすると、それぞれ、整数、実数、複素数の変数が定義できます。Juliaは前述したように動的コンパイル言語なので、実行時にコンパイルされます。コンパイル作業時には、その計算機に最適なコードを生成されることになりますが、その際には、その数値がどのような種類の数値なのか、という情報が必要です。これを「型」と言います。

FortranやC言語では、変数を定義する際にその変数がどのような型かを指示しなければなりません。一方、Juliaでは、型は自動的に推測され決定されます。上の例では、aは64ビット整数型Int64、bは倍精度実数型Float64、cは倍精度複素数型ComplexF64になっています。型が決定されていることによって、その型に最適なコード

が生成され、高速に実行されます。
　変数同士の計算は、普通の数同士の計算と同じように行うことができます。例えば、

```
d = a*b*exp(c)
```

とすると、 $d := ab\exp(c)$ という変数 d を定義することができます。変数の値を出力したい場合には、

```
println(d)
```

とします。　節冒頭でも述べましたが、Juliaに限らず多くのプログラミング言語では、左側に変数を書き、右側に数値を入れます。そのため、=は数学の意味での等号ではありません。この=は代入とみなす方がよいでしょう。例えば、

```
a = 3
a = a + 4
```

とすると、最初 $a = 3$ であったaの値が $+4$ され、 $a = 7$ となることを意味します。なお、Juliaでは

```
a += 3
```

とするとa = a + 3をより短い形で書くことができます。-=や*=、/=も使えます。
　逆に、数学の意味での等号を使いたい場合は==を使います。例えば、

```
a = 3
a == a + 4
```

の場合は、左辺のaは3で右辺のaは7なので、falseとなります。これを用いて、

```
c = a == a + 4
```

とすると、a == a + 4の結果をcに代入しています。つまり、cはfalseです。Juliaではtrueとfalseが真偽を表します。
　なお、変数を画面に出力したい場合には、

```
println("Hello, world!")
println(a)
```

のようにprintln関数を用います。このprintln関数は複数の変数を入れることができて、

```
a = 3
b = 0.3
println(a,"\t",b)
```

とすると、出力は3 0.3となります。ここで、\tはTab記号です。この他には、

```
c = 3.2
println("cの値は$(c)です")
```

のように、"で囲まれて表現された文章の中に$記号を入れることで文章の途中に値を表示させることも可能です。

2-2-2 文字列

数学では変数には数が入りますが、数値計算においては変数に文字を入れることができます。文字の入った変数を利用することで、ファイル名やグラフの凡例、出力のメッセージを自由に決めることができます。文字列を変数に入れるには、

```
s1 = "apple"
s2 = "りんご"
```

などとします。これらの文字列変数は、他の数の変数と同様に計算することができます。例えば、3 の二乗 3^2 は3を二回掛けるという意味ですが、文字列変数の二乗 $s1^2$ は、文字列を2回繰り返すという意味になり、この場合はappleappleとなります。これを「文字列を二回掛ける」とみなすと、s1*s1です。つまり、文字列変数同士の掛け算*は「文字列の連結」を意味しています。例えば、

```
s = s1*"の日本語訳は"*s2*"です"
println(s)
```

とすると、出力は『appleの日本語訳はりんごです』となります。文字列の連結記号が+記号ではなく*記号なのは、Juliaの開発者の思想が反映されているもので非常に興味深いです。足し算は可換な演算に用いられる記号ですが、文字列は入れ替えると意味が異なってしまい、非可換な演算です。そのため、非可換な演算にも用いられる*記号が使われています。

● 2-2-3 タプル

Juliaでは、式の右辺に複数の変数を入れることが可能です。例えば、

```
a = (3,4)
```

とすると、整数3と4の二つが格納された変数aが得られます。このように、複数の変数が格納された型のことをタプル(Tuple)と言います。タプルは異なる型を混ぜることもできて、

```
b = ("りんご",3)
```

のように、String型と整数型を入れることもできます。また、この()は省略することもできて、

```
b = "りんご",3
```

も可能です。タプルの値を取り出すには、

```
c = b[1]
```

のように、[]で括り、取り出したい要素の順番を入れます。Pythonなどとは異なり、順番は1からとなっています。また、

```
c,d = b
```

のように右辺に二つの変数をおくことで、c="りんご"、d=3としたときと同じ結果が得られます。タプルの値を取り出す際に毎回順序を覚えておくのは面倒だということもあるでしょう。そのような場合には、名前付きタプル（Named Tuple）を使うといいでしょう。これは、

```
t = (a = 1, b = 2.0, c = "3")
```

のように定義することができます。そして、

```
c = t.a
d = t.b
e = t.c
```

のように、ドット.を使うことで値を取り出すことができます。

タプルは複数の数値をまとめて扱うことができ、大変便利ですが、作ったタプルの値を書き換えることができない仕様となっています。複数の数値をまとめて扱うことができ値を書き換えられる型としては、後述する配列（Array）型があります。

● 2-2-4 ベクトルと行列

数学であれ物理学であれ、科学技術計算に不可欠なものとして、ベクトルと行列があります。Juliaではベクトルと行列を直感的に扱うことができます。例えば、

```
a = [1 2] #横ベクトル
b = [3
     4] #縦ベクトル
```

のように横ベクトルと縦ベクトルを定義することができます。また、縦ベクトルは

```
b = [3,4]
```

のようにカンマで区切ることでも定義可能です。 行列は、

```
A = [1 2
     3 4]
```

のように書くことができます。ここで定義した行列とベクトルは数学と同じように計算することができ、

```
c = A*b
```

とすれば、 $c = A\vec{b}$ の計算が可能です。 行列は以下のような形で定義することもできます。

```
a = zeros(2) #長さ2で要素がすべてゼロのベクトル
A = zeros(3,4) #要素がすべてゼロの3x4行列
A1 = zero(A) #Aと同じ行列サイズの行列
B = rand(2,3) #要素が0から1の一様乱数の2x3行列
C = Matrix{Float64}(undef,4,3) #要素の値が倍精度実数の未定義の4x3行列
c = Vector{ComplexF64}(undef,2) #要素の値が倍精度複素数の未定義の要素2のベクトル
d = ones(2,4) #要素がすべて1の2x4行列
```


行列やベクトルの定義を表でまとめました。

どの形で定義しても、行列やベクトルは

```
A[1,2] = 3
```

のようにすることで要素を直接変えることができます。A[1,2]=3は、行が1列が2の行列要素を3とする、という意味です。

先ほどちらっと述べましたが、Juliaでは、行列の添字の始まりは1からになります。Fortranなどと同様です。なお、C言語やPythonの場合には添字が0から始まります。

添字の始まりや終わりがいくつなのかを気にしたくない場合には、A[begin,2]のように、beginとendを使うことができます。 ここで一つ注意があります。A = zeros(3,4)のように行列Aを定義した場合、行列Aの要素は倍精度実数であると定義されます。そのため、このような行列に対して、

```
A[1,2] = 1im
```

とするとInexactError: Float64(0 + 1im)のようにエラーが出ます。もし複素数を取り扱いたい場合には、A = zeros(ComplexF64,3,4)のようにあらかじめ要素の型を指定しておく必要があります。

行列要素を指定して値を代入したり操作したい場合には行列のサイズを知る必要があります。このとき、

```
A = rand(2,3)
a = size(A)
```

とすると、出力はタプルとなり(2,3)となります。配列の全要素が必要な場合にはlength(A)とします。上の場合には、これは6が得られます。

数値計算においては、行列の一部を取り出して小行列やベクトルを作成したい場合があると思います。この場合、

```
A = rand(3,3) #要素が0から1の一様乱数の3x3行列
B = A[1:2,1:2] #行列Aのうち左上の2x2を取り出して作った行列
a = A[:,1] #行列Aのうち列1を取り出して作ったベクトル
```

のようにすることで作成可能です。

Juliaは標準で多くの線形代数関連の計算が可能です。以下の計算ではJulia標準の線形代数パッケージを読み込む必要があるため、実行するコードの手前に

```
using LinearAlgebra
```

と書いてください。このLinearAlgebraパッケージを読み込むことで、行列やベクトルの定義方法も複数追加されます。行列やベクトルの定義方法をまとめたものを以下の表に示します。

表 ベクトル、行列を定義するための関数

Juliaでの記法	概要
`zeros(2)`	要素がすべてゼロの長さ2のベクトル（倍精度実数）
`zeros(Int64,2,3)`	要素がすべてゼロの2×3行列（整数）
`zeros(ComplexF64,2,3)`	要素がすべてゼロの2×3行列（倍精度複素数）
`ones(3,4)`	すべての要素が1の3×4行列（倍精度実数）
`rand(2,3)`	$[0,1)$の一様分布の乱数が要素に入った2×3行列
`randn(4)`	平均0分散1の標準正規分布に従う乱数が要素に入った長さ4のベクトル
`Diagonal([1,2,3])`	対角要素が上から順番に1,2,3となる対角行列
`diagm(0 => [1,2,3])`	対角要素が上から順番に1,2,3となる対角行列
`diagm(1 => [1,2])`	対角から1つずれた帯に順番に1,2が入った帯行列（1,2成分が1、2,1成分が2）
`I(3)`	3×3の単位行列
`a = Matrix{ComplexF64}(I,3,4)`	対角要素（二つの添字が等しい場所）に1が入り他はゼロの3×4行列（倍精度複素数）

LinearAlgebraパッケージを読み込むことで、ベクトルの内積やノルムの計算がdot(a,b)、norm(a)で実行できるようになります。その他、連立方程式 $Ax + b$ をx = A /bで解いたり、行列の固有値問題 $Ax + \lambda x$ をe,v = eigen(A)で解いたりすることも可能です。本書では連立方程式や固有値問題を解くためのアルゴリズムを解説していますが、作ったコードをこれらJuliaの標準機能による結果と比較することで、簡単にデバッグすることができます。

以下に、線形代数でよく使われる計算を表にまとめました。

表 線形代数でよく使われる計算

Juliaでの記法	概要
A+B	行列Aと行列Bの和（AとBは両方ベクトルでも良い）
A*b	行列Aとベクトルbの積（bは行列でも良い）
A^n	行列Aのn乗A^n
dot(a,b)	ベクトルaとベクトルbの内積(aは複素共役を取る)
norm(a)	ベクトルaのノルム
transpose(A)	Aの転置 A^{T}
A'あるいはadjoint(A)	Aの随伴行列（転置して複素共役を取る）$A^\dagger$
inv(A)	Aの逆行列　A^{-1}
U,S,V =svd(A)	特異値分解$A = U\mathrm{diag}(S)V^\dagger$
x = A \ b	連立方程式$Ax = b$の解x
e,V = eigen(A)	行列Aの固有値eと固有ベクトル$V = (v_1, v_2, \cdots)$
eigvals(A)	行列Aの固有値
eigvecs(A)	行列Aの固有ベクトル
det(A)	行列Aの行列式$\det(A)$
logdet(A)	行列Aの行列式の自然対数$\mathrm{logdet}(A)$
tr(A)	行列AのトレースTr(A)
exp(A)	行列Aの指数関数$\exp(A)$
log(A)	行列Aの自然対数$\log(A)$

2-2-5 配列

Juliaでは、添字によって指定された数値の集まりを「配列」で表現します。n次元配列の場合、添字の数がn個となります。つまり、ベクトルは1次元配列、行列は2次元配列です。n次元配列もベクトルや行列と同様に定義することができ、

```
a = zeros(2,3,4) #要素がすべて倍精度実数の0の2x3x4配列
```

のように定義することができます。n次元配列の定義は行列とベクトルと同様にrandやonesなどを用いて定義することができます。また、

```
a = Array{Int64,3}(undef,4,5,6)#要素の型が```Int64```(64ビット整数)である$4 \time
s 5 \times 6$の3次元配列
```

のように、要素の中身を未定義にしたままの状態で配列を定義することもできます。

配列に関して注意しておくべきことの一つとして、配列の要素の並び、があります。Juliaでは、n次元配列の各要素の値は1次元状の配列として値が保持されています。例えば、行列Aを、

```
A = [1 3
     2 4]
```

と定義したとします。このとき、メモリ上にはA[1,1]、A[1,2]、A[2,1]、A[2,2]の順番で並んでいます。これは、一番左側の添字が一番内側であることを意味しています。そのため、配列の値を次々と読み出したり書き換えたりするような作業を行う場合、この並びの順で配列の各要素にアクセスする方が速いです。つまり、ループを使って何らかの計算を行う場合には、一番左側の添字がループの一番内側になるようにコーディングすると速くなります。そして、Juliaでは、この行列Aに対して、

```
a = A[1]
b = A[4]
```

のように、一次元配列であるかのように一つの添字でアクセスすることも可能です。また、配列の形状を

```
b = reshape(A,1,4) #横ベクトル
c = reshape(A,4,1) #縦ベクトル
```

で変えることができます。

上で述べてきた配列は、ベクトルや行列の拡張としての多次元配列でした。Juliaでは、配列はもっと柔軟に設計することができます。例えば、空の配列は


```
A = []
```

で定義することができますが、この空の配列には何を入れても構いません。配列の要素を追加する関数としてpush!があり、

```
push!(A,"みかん")
push!(A,3.0)
push!(A,rand(3,3))
push!(A,ones(2,3,2))
```

とすると、配列Aの１番目は文字列(String型)、２番目は倍精度実数(Float64型)、３番目は 3×3 行列(Matrix{Float64}型)、４番目は $2 \times 3 \times 2$ の要素がすべて１の３次元配列(Array{Float64,1}型)、となります。また、

```
B = Matrix{Matrix{Float64}}(undef,2,3)
```

とすると、「行列要素が倍精度実数の行列である 2×3 行列」を定義することができます。

上の例では配列の要素に何を入れてもいいという形でA = []と定義しましたが、入れるものを決めることも可能です。例えば、要素が倍精度複素数である空の配列であれば、

```
A = ComplexF64[]
push!(A,1)
```

のようにします。これにより、配列Aの１番目の要素は1.0 + 0.0imのように複素数になります。数値計算を行う際には、型が混在している配列よりも一つの型が決まった配列の方が最適化が効きやすく、動作が高速になります。

2-3 型

2-3-1 型の種類

これまで、変数として、数や文字列、行列などを紹介しました。これまで見てきたように、基本的には型はJuliaがいい感じに推論してくれるため、変数の定義を行う際に型を指定する必要はありません。一方、数値の入れ物として行列や配列を考える際には、その配列の要素がどのような型なのかを理解した方がいい場合もあります。

Juliaではこの他にも色々な型があります。Juliaで現れる色々な型を表として示します。例えば、辞書型(Dict)は、変数の名前と値をセットにして保持できる型です。Dict型は

```
a = Dict()
a["name"] = "John"
a["age"] = 3
```

のように定義します。これによって、nameがJohn、ageが3である辞書型変数aを作ることができます。また、Set型と呼ばれる型は、数学における集合という意味で、要素に重複のない配列のようなものです。これは、

```
b = Set()
push!(b,2)
push!(b,2)
```

のようにしたとき、普通の配列の場合には要素が2つでそれぞれの値が2になりますが、変数bの要素は1つだけでその値は2です。

使っている変数の型がなんであるかを知りたい場合には、typeofを用います。

```
a = 2+3im
println(typeof(a))
```

この場合の出力はComplex{Int64}です。これは、整数型複素数です。typeofに似ている関数としてはeltypeがあり、これは配列の要素の型を知ることができます。

数値計算でよく現れる型について表にまとめました。

表 Juliaで現れる色々な型

Juliaでの記法	概要
Any	すべての型が入りうる型
Int64	64ビット整数
Int32	32ビット整数
Float64	倍精度実数
ComplexF64	倍精度複素数
String	文字列
Vector{Float64}	要素の型がFloat64であるベクトル
Matrix{Float64}	要素の型がFloat64である行列
Array{Float64,3}	要素の型がFloat64である3次元配列
Tuple{Int64, Float64}	Int64型の要素とFloat64型の要素を持つ要素数2のタプル
NTuple{10, Float64}	Float64型の要素が10個入ったタプル
Set{Int64}	型がInt64の集合（重複する要素を持たない）
Dict{String, Int64}	キーの型がString、中身の型がInt64の辞書
Union{A, B}	AかBの型のどちらかであると示す型

2-3-2 型の階層

Juliaで取り扱う型には二種類あります。一つは具象型（concrete type）、もう一つは抽象型（abstract type）です。ある変数がどんな型かを調べる関数としてtypeofを紹介しましたが、typeofで得られる型は、すべて具象型です。例えば、a = 2.3とaを定義するとtypeof(a)の結果はFloat64となります。これは倍精度実数型という具象型です。一方、抽象型とは、NumberやRealなどです。

具象型と抽象型は、住所で例えるところの、「具体的に建物が建っている場所」と「市区町村名」のような関係にあります。例えば、東京スカイツリーの住所は「東京都墨田区押上1丁目1-2」ですが、これは「東京都」内「墨田区」内「押上」内「1丁目」内の「1-2」という階層構造を持ちます。「東京都墨田区押上」まででは、東京スカイツリーが具体的にどこに建っているかは特定できません。これと同じで、Float64というものは具象型ですが、これは「Any」内「Number」内「Real」内「AbstractFloat」内の「Float64」という階層構造を持っています。そして、「Real」という型を指定しても、それは実際に変数の型にはなっていません。

しかし、「東京スカイツリーが東京都にある」、ということが言えるのと同じように、「Float64はReal内である」と言えます。そのため、抽象型は、複数の具象型を含む型です。階層の一番上の型はAny型ですが、これはすべての具象型を含む型です。東京都内のすべての建物に関する話をしたい場合は「東京都の」建物と言えばいいのと同じように、抽象型「Real」はすべての実数に関する話をしたいときに使うと便利です。ある抽象型がどのような型を下に持っているかを知りたい場合には、

```
println(subtypes(Real))
```

のようにsubtypes関数を用います。実行結果はAny[AbstractFloat, AbstractIrrational, Integer, Rational]となります。

さらにprintln(subtypes(Integer))を実行すれば、Any[Bool, Signed, Unsigned]となり、println(subtypes(Signed))を実行すればAny[BigInt, Int128, Int16, Int32, Int64, Int8]となります。そして、println(subtypes(Int64))を実行するとType[]となり、それ以上下がないことが分かります。つまり、Int64は具象型です。逆に、上の型が知りたい場合には

```
println(supertype(Int64))
```

とします。この結果はSignedです。

型のご利益を実感しやすい使い方については、後述する多重ディスパッチの節で行います。

2-4 関数

この節では、多くのプログラミング言語に存在する「関数」について説明します。本書では、数値計算上の多くのアルゴリズムを複数の関数の組み合わせで表現します。本書の後半で現れるアルゴリズムを理解する上で、本節の関数の説明は役に立つはずです。

● 2-4-1 関数の定義

まず、数学における関数について考えてみます。関数についての数学的に厳密な議論については他の教科書を参照してもらうこととして関数を定義すると、関数とは、「ある集合Aのすべての要素に対して、それぞれに対して集合Bの一つの要素を返すもの」です。例えば、集合 A を実数の集合とし、実数の x を入力としたときに、関

数 $f(x) = x^2$ は x^2 の値を返します。数学においては、関数とは、入力に対して一つの出力を返すものです。このときの x を独立変数と呼びます。

プログラミング言語における関数は、数学における関数とやや異なります。多くのプログラミング言語において、

1. **何も入力しないもの**
2. **複数の要素を入力として、複数の出力を返すもの**
3. **複数の要素を入力として、出力を返さないもの**

のどれも「関数(function)」と呼びます。Juliaにおいては、これまで登場してきた三角関数：

```
x = 2.3
a = cos(x)
```

は関数です。入力がx、出力aは $\cos(x)$ の計算結果です。Juliaでは標準機能でさまざまな数学的関数が実装されています。また、パッケージを呼び出すことでより多くの数学関数を扱うことができます。例えば、前述したLinearAlgebraパッケージを用いれば、行列に関するさまざまな関数を使うことができます。

Juliaでは、自分で関数を定義することができます。例えば、

```
f(x) = x^2
a = f(0.1)
```

とすると、関数 $f(x) = x^2$ を新しく定義したことになります。一度定義すれば、x に何を入れても x^2 という操作が行われ結果が返ってきます。このように一行で書くと、数学的な意味での関数と同じように見えます。しかし、Juliaでは独立変数 x がどの集合に属しているかについて何も述べていないことに注意してください。つまり、

```
A = [1 2
     3 4]
B = f(A)
```

のように、x に行列 A を代入することも可能です。これは、「x^2 という操作が定義されているあらゆる x に対して $f(x)$ が定義された」と見なすこともできます。

また、Juliaでは引数 x の種類によって関数 $f(x)$ の挙動を変える（多重ディスパッチという機能。44p）ことも可能です。

上のように一行で関数を定義する他に、

```
function f(x)
    return x^2
end
```

のようにして関数を定義することができます。このように書くことで、function内で複雑な計算を行い、その結果を出力することが可能です。例えば、

```
function g(x)
    a = 2*x
    cos(a) #return cos(a)と同等
end
```

とすると、出力として最後のcos(a)が返ってきます(return cos(a)としても同じです)。また、

```
function test()
    a = 3
    println(a)
end
```

のようにすると、引数も出力もない関数を作ることができます。そして、

```
function hukusu(x,y)
    a = x*y
    b = cos(x)+sin(y)
    return a,b
end
```

とすると、入力引数が2つ、出力が2つの関数を定義できます。出力が2つ以上ある場合には返り値はタプルとなっていて、

```
c = hukusu(0.2,0.4)
d,e = hukusu(0.5,10)
```

のようにして出力を得ることができます。

この他に数値計算で重要な関数の使用法として、

```
function dainyu!(x)
    x[1,1] = 100
    return
end
x = [1 2
    3 4]
dainyu!(x)
println(x)
```

のようなものがあります。この関数dainyu!(x)では、入力引数の1,1成分を100に変えており、実行結果は[100 2; 3 4]となります。返り値はありません。返り値もなく、入力した引数の中身が変わるという「関数」は数学的な意味での関数ではありませんが、プログラミングにおいては有用です。例えば、巨大な配列がすでに定義されていてその配列を少し変更したい場合、返り値として変更した配列を返すことは可能ですが、その場合元々の配列と新しい配列の二つが用意されてしまっています。一方、引数に入ってきた配列を修正する場合には、新しくメモリーを確保することもなく、高速に実行することができます。

Juliaでは、入力した引数を変更するような関数の場合には関数名の末尾にエクスクラメーションマーク!をつける慣例があります。標準で用意されている関数はこの慣例に従っているため、入力した引数が変更されるかどうかがすぐにわかるようになっています。例えば、push!は!がついているため、

```
A = []
push!(A,3)
```

のように、何も入っていなかった空の配列が要素に3を持った配列に変更されます。

プログラミングにおける関数は、入力された引数を用いて何らかの処理を行うものと捉えることができます。上述したように、必ずしも返り値があるとは限りません。数値計算を行う際には、計算を複数の工程に分け、それぞれを関数にまとめることが多いです。小分けにした関数のそれぞれの動作確認を行うことができれば、同じ処理を行う際には安心して同じ関数を呼ぶことができます。以下の節では、関数の動作を決めるための構文を紹介します。

● 2-4-2 制御構文:for文、while文、if文

何らかの計算を繰り返す場合には、for文を使います。例えば、1から100までの和を計算する場合、数学では

$$\sum_{i=1}^{100} i$$

のように和の記号で書きますが、Juliaでは、

```
function wa()
    a =0
    for i=1:100
        a += i
    end
    return a
end
```

のように書きます。上の例では、iが1から順番に100まで変化しながらaに加算しています。このように書くとFortranやC言語に近い形のFor文になっていますが、Pythonのような書き方もできます。つまり、for i=1:100の代わりにfor i in 1:100とinを使って書くことができます。このfor a in bという構文は、「bの中にあるものを一つずつaとして取り出す」という繰り返し処理を意味しています。従って、b = ["cat","dog"]のように配列を用意すると、for a in bではa = "cat"、a = "dog"という順番にaは変化していきます。なお、上で登場した1:100は「1から100まで一つずつ取り出す」という意味の塊（オブジェクト）です。「1から100まで2ずつ変化させて取り出す」場合には1:2:100となります。そのほかには、rangeという関数を使うとより細かな指定ができます。for文の記法の例を表に示しました。

表 for文の記法の例

記法	概要
`for i =1:20`	i=1から20まで繰り返す
`for i in 1:20`	`for i =1:20`と等価
`for i =1:3:20`	i=1から20まで3ずつ進みながら繰り返す
`for i in a`	aの中身を一つずつ順番に取り出してそれをiに代入して繰り返す
`for i in range(0,2pi,length=10)`	0から2πまでを10等分してiに代入して繰り返す
`range(1,stop=20)`	`1:20`と等価
`range(0,1,length=20)`	0から1まで20等分した20個の数値の集まり
`range(0,20,step=2)`	0から2ずつ増やしていって20を超えない数値の集まり
`range(0,step=2,length=20)`	0から2ずつ増やしていった20個の数値の集まり

for文の他にも、繰り返しを行う構文としてwhile文があります。while文は

```
function wa_w()
    a =0
    i = 0
    while i <= 100
        i += 1
        a += i
    end
    return a
end
```

のように書きます。while 条件という形になっていて、「条件が満たされている間は繰り返しを続ける」という構文です。上の例では、「iが100以下の場合には繰り返しを続ける」というものなので、iが1ずつ増えていき、100まで変化しました。ここでは`while i <= 100`としましたが、この部分を例えば`while ratio > eps`のようにすると、`ratio`という値が`eps`以上である限りずっと動きます。これは、何らかの計算を誤差が一定値以下になるまで行うときなどに有用です。

繰り返し計算の他に重要な構文として、if文があります。例えば、

```
001 function Kukei(x,a,b)
002     if x < a
003         return 0
004     else if a <= x <= b
005         return 1
006     else
007         return 0
008     end
009 end
```

のような関数を定義すると、「a未満のときは0、a以上b以下のときは1、b以上のときは0」という関数を定義することができます。

if文ではif 条件あるいはelse if 条件のように条件を書くことで動作を分岐させます。このとき、条件はtrueかfalseを返すようなものであれば何でも構いません。また、複数の条件を並べることもでき、if A && Bの場合は「AかつBのとき（AがtrueかつBがtrueとなるとき）」、if A || B の場合は「AまたはBのとき（AかBの少なくとも一つがtrueとなるとき）」となります。if文で使うことのできる、比較に関する演算子を表にまとめました。JuliaではUnicodeが使えるため、≠などの記号も使うことができます（REPLやvscodeでは\neで入力可能）。

表 Juliaでの比較に関する演算子

演算子	概要
x == y	等価演算子
x != y,x ≠ y	不等価演算子
x < y	小なり演算子
x <= y, x ≤ y	小なりイコール演算子
x > y	大なり演算子
x >= y, x ≥ y	大なりイコール演算子
x && y	論理積（xとyが両方trueのときtrueを返す）
x || y	論理和（xとyの少なくとも一つがtrueのときtrueを返す）

● 2-4-3 第一級オブジェクトとしての関数

Juliaでは関数は変数と同じように扱うことができます（第一級オブジェクト）。つまり、関数の引数として関数を用いる（数学でいうところの汎関数を定義する）ことができて、関数の中でさらに関数を定義することも可能です。例えば、

```
function heikin(f,a,b)
    return (f(a)+f(b))/2
end
```

のようにすると、関数heikinの中で関数fが使えて、

```
f(x) = cos(x)
a = 1
b = 2
k = heikin(f,a,b)
```

等の計算が可能です。関数を引数にできるため、積分を行う関数を定義しておき、その被積分関数を引数として取ることで、任意の被積分関数に対して計算ができる関数を作る、などといったことが簡単にできるようになります。また、関数は変数と同じように扱うことができる、ということは、

```
function tasu(a,b,c)
    c=2
    tasu_a(b) = a + c*b
    return tasu_a(b)
end
```

のように、関数の中に関数を定義することも容易にできます。これを使う例としては、例えば、上述したheikin関数は第一引数に関数を取りますが、このときの関数fはf(a)のように引数が１つと想定されています。この関数に引数が二つの関数を入れたい場合に、

```
function heikin_2(f2,a,b,a0)
    f(x) = f2(x,a0)
    k = heikin(f,a,b)
    return k
end
```

を定義して、

```
f2(x,y) = cos(x)*sin(y)
k = heikin_2(f2,1,2,3)
```

などとすれば、二変数関数の一つの変数を固定し一変数関数として扱うことができます。

関数を変数と同様に扱える、ということは、関数の返り値として関数を返すこともできます。例えば、

```
function kotei(f,a)
    g(x) = f(x,a)
    return g
end
```

のように返り値が関数gとなっている場合、

```
f2(x,y) = cos(x)*sin(y)
m = kotei(f2,2)
k = m(3)
```

のようなことができます。ここでは、二変数関数f2(x,y)のyの部分に2を入れた関数g(x) = f(f,2)を返り値として返しており、一度この関数の返り値mが得られれば、あとはmは通常の一変数関数として使っています。

● 2-4-4 無名関数

上で登場した例では、関数を定義するとき、fやf2やgなど、毎回名前をつけていました。しかし、これが少し冗長な場合もあります。例えば、koteiという関数ではgを定義していますが、それはすぐに返り値として使われており、例ではgではなくmを使っています。そのため、gとしてわざわざ関数名をつける意味はないように見え

ます。このようなとき、Juliaでは無名関数というものを定義することでより簡単な書き方を行うことができます。例えば、koteiは

```
function new_kotei(f,a)
    return x -> f(x,a)
end
```

のように書くことができます。無名関数は引数 -> 返り値という構文で定義されます。この無名関数を使えば、

```
m = new_kotei((x,y)->cos(x)*sin(y),2)
k = m(3)
```

のように、引数として入れる関数f2という名前をつける必要がありません。ここでは、(x,y)->cos(x)*sin(y)は、二つの引数x,yに対して、返り値がcos(x)*sin(y)という意味です。

● 2-4-5 パイプライン演算子

Juliaの関数について知っておくと便利なものとして、パイプライン演算子|>があります。この演算子を用いると、返り値が一つの関数と入力変数が一つの関数を繋げることができます。例えば、

```
f1(x) = x
f2(x) = -x
```

のように二つの関数を定義した上で、

```
k = f1(2) |> f2
```

とすると、f1(2)で得られた結果（ここでは2）を引数としてf2(2)を計算し、最終的に-2が得られます。このパイプライン演算子は好きなだけ繋げることができて、無名関数と組み合わせることができます。例えば、

```
j = x -> x*2 |> x -> x*4 |> x -> x*10
```

と関数jを定義すると、j(1)は、1が2倍され、4倍され、10倍され、80が得られる

ことになります。

● 2-4-6 begin end構文

begin end構文は構文であって関数ではありませんが、無名関数とともに使うことがありますので、ここで説明することにします。 例えば、次の関数を引数にするような関数：

```
function ntimesf(f,x,n)
    return n*f(n*x)
end
```

を考えます。この関数は、入れた x の値を n 倍にして関数 f に入れた後、その値を n 倍する関数です。これは、

```
f(x) = cos(x)
x = 1
n=2
nf = ntimesf(f,x,n)
println(nf)
```

のように使います。ここで、fを定義せずに無名関数を使うと、

```
x = 1
n=2
nf = ntimesf(x -> cos(x),x,n)
println(nf)
```

とすることができます。ここでは無名関数は1行で定義できていましたが、複数行を使った定義の関数を作りたい場合はどうすればよいでしょうか。そのような時にbegin end構文を用います。

例えば、

```
001  function f2(x)
002      println("x = ",x)
003      return cos(x)
004  end
```

```
005  nf = ntimesf(f2,x,n)
006  println(nf)
```

のように2行で定義された関数f2の代わりに、

```
nf = ntimesf(
    xi -> begin
        println("x は ",xi)
        return cos(xi)
    end,x,n)
println(nf)
```

のようにbeginとendで囲むと、複数の行を一つの塊として扱うことができます。

2-4-7 do構文

関数の引数に使う関数としてbegin end構文によって定義された無名関数を使うのは便利ですが、少し見た目がごちゃっとしてしまいます。そのような場合にはdo構文を使うことができます。上のbegin end構文を使った関数は、do構文を使うと

```
nf = ntimesf(x,n) do xi
        println("x は ",xi)
        return cos(xi)
    end
println(nf)
```

のように書くことができます。do構文は「関数の第一引数が関数のとき」に使える構文です。言い換えれば、「第一引数を後ろに持ってきて、複雑な処理をするとき」に使います。ですので、本来ntimesf(f,x,n)と三つの引数で呼ぶ関数ntimesfをntimesf(x,n) doと二つの引数で指定しています。また、do xiのxiは、無名関数xi -> f(xi)のxiに対応します。そして、doの内部のreturnでは無名関数の右辺を返しています。do構文は、無名関数+begin end構文とみなすことで理解しやすいかと思います。

● 2-4-8 多重ディスパッチ

Juliaの重要な特色の一つとして、多重ディスパッチがあります。多重ディスパッチを簡単に説明すると「同じ名前の関数でも、引数の数や引数の型の違いによって動作を変えることができる仕組み」です。この節では多重ディスパッチについて具体的に見ていくことにします。まず、

```
kakeru(x,y) = x * y
```

という関数を定義してみます。この関数kakeru(x,y)は引数x,yの型を指定していませんが、

```
ki = kakeru(1,2) #整数同士
kr = kakeru(1.2,2.1) #倍精度実数同士
kc = kakeru(2im,1+3im) #倍精度複素数同士
ks = kakeru("cat","dog") #文字列同士
```

のように、xやyにさまざまな数を入れたり、文字列同士の「掛け算」(Juliaではこれは文字列の連結になります)も可能です。しかし、

```
ksi = kakeru(2,"cat")
```

のように整数と文字列を引数にすると、

```
MethodError: no method matching *(::Int64, ::String)
```

とエラーが出ます。このエラーは、「64ビット整数と文字列の掛け算は定義されていません」という意味で、2*"cat"という演算が定義されていないことが原因です。しかし、「最初の引数に整数xを入れて、次の引数に文字列yを入れた場合、x回yを繰り返したい」場合もあると思います。元々定義されている*はもちろんそのような挙動をしないため、自分で定義しなければなりません。

このような場合、Juliaでは、

```
kakeru(x::Integer,y::String) = y^x
```

という関数を定義することで、kakeru(2,"cat")を"catcat"とすることができます。文字列yに対してべき乗^xを行うことによって、「yをx回繰り返しかける」という

動作を実現しています。Juliaでは文字列の掛け算は文字列の連結なので、この関数によって「最初の引数に整数xを入れて、次の引数に文字列yを入れた場合、x回yを繰り返す」ことができます。

さて、上の関数の定義において、引数の指定の部分でx::Integerとy::Stringのような形で型の情報を入れています。これは、xとy、それぞれ指定の型が来たときに呼ばれる関数を定義していることになります。

Integerという型は抽象型です。型については前の節で説明しましたが、抽象型と具象型というものがあります。引数で型を指定する際に抽象型を使用すると、その抽象型の下にあるすべての具象型に対して動作を定義したことになります。例えば、Integerの場合、Bool型や64ビット整数型Int64などの具象型が属しているため、変数xがこれらの方のときには上で定義したkakeruが使われることになります。

このほかに、関数の引数の数に応じて呼ばれる関数が変わるため、

```
kakeru(x) = x*x
```

のように引数を一つとする関数を別に定義することもできます。このように、引数の数と型によって呼ばれる関数が変わります。Juliaでは、引数の型や種類によって定義された関数のことをメソッドと呼び、同じ名前の関数にどのようなメソッドが定義されているかを調べるにはREPLで

```
julia> methods(kakeru)
```

とすると、

```
# 3 methods for generic function "kakeru" from Main:
 [1] kakeru(x::Integer, y::String)
     @ REPL[8]:1
 [2] kakeru(x)
     @ REPL[9]:1
 [3] kakeru(x, y)
     @ REPL[7]:1
```

のようにどのような引数で定義されているかを見ることができます。なお、掛け算*や足し算+はさまざまな型を使って計算できますが、これも多重ディスパッチによって実装されており、methods(+)とすると大量の定義を見ることができます（methods(+)の場合約200種類のメソッドが出てきます）。

数値計算において多重ディスパッチを使う利点は、すでに定義されている関数に追加で別の型に関するメソッドを追加できることです。

例えば、上でkakeruで定義していた整数と文字列の計算kakeru(x::Integer,y::String) = y^xを*記号で表したいとします。*も多重ディスパッチで実装されているので、今回のケースに対応するような引数の組に対して新しく*を定義すれば、他の*と同じように使えます。*の場合は、Juliaの基本パッケージであるBaseというパッケージに定義されているため、

```
Base.:*(x::Integer,y::String) = y^x
```

とします。:*となっているのは、*が一文字の関数のためで、他の関数であればBase.で定義します。

このように定義することで、

```
3*"cat"
```

とするとcatcatcatとなり、ちゃんと定義できていることがわかります。他の言語では掛け算などの記号を拡張することを「演算子のオーバーロード」と呼ぶことがありますが、Juliaではこれを多重ディスパッチの一つの機能として実現されています。

多重ディスパッチを利用した関数の定義に関して、よく使われる形式を紹介します。例えば、

```
001 function sugoikansu(a::Vector,n::T) where T <:Integer
002     b = rand(n)
003     println("general version")
004     return sum(b) + abs(sum(a))
005 end
006 function sugoikansu(a::Vector{T1},n::T2) where {T1 <: Real,T2 <:Integer}
007     b = rand(T1,n)
008     println("real version")
009     return sum(b) + sum(a)
010 end
```

とsugoikansuという関数を定義したとします。この関数は長さnの乱数ベクトルを作成し、その成分の和と入力したベクトルの成分の和を足すということを行なっています。ただし、この関数の返り値が複素数だと困るという事情あるため、複素数など

の場合には和をとった後に絶対値にしています。ここでは二つ同じ名前の関数を定義していますが、これはsugoikansuという関数のメソッドを二つ定義したことになっています。二つのうちどのメソッドが呼ばれるかは、引数にどのような型が入ってくるかで決まります。

一つ目のメソッドでは、入ってくる引数のaはベクトルであるという条件を課しており、nは整数であるという条件を課しています。ここで、where T <: Integerという構文がありますが、これは、「Tという型がIntegerに含まれる型である」という意味です。そのため、64ビット整数型Int64や32ビット整数型Int32はOKですが、倍精度実数型Float64はダメです。ここで使われている<:という記号は、型同士の関係を示すもので、A <: Bがtrueのときは「AがBに含まれている」ことになります。二つ目のメソッドでは、where {T1 <: Real,T2 <:Integer}としています。最初のT1はVector{T1}で使われていますが、Vector型は通常Vector{Float64}やVector{Int64}とすることで、ベクトルの要素の型を指定していました。T1 <: Realとしているため、今回は「ベクトルの要素の型がRealに含まれている型である」という条件を課しています。このように指定することで、引数aが要素が実数のベクトルであれば、二つ目のメソッドが呼ばれます。なお、引数の型の情報はそのまま関数内で使うことができ、ここではb = rand(T1,n)とすることで、T1という型の乱数を持った配列を生成しています。

上で定義した二つがどのように使い分けられているかを見てみましょう。

```
a = rand(ComplexF64,8)
sugoikansu(a,3)
```

とした場合には、aのベクトルの要素は複素数なので一つ目のメソッドが呼ばれます。一方、

```
b = rand(5)
sugoikansu(b,3)
```

とすると、bのベクトルの要素は倍精度実数Float64となっており、二つ目のメソッドが呼ばれることになります。

なお、上の定義では一つ目の引数の型をVectorとしていますが、関数の定義内ではsumという関数さえ使えれば問題がないように見えます。そのため、Vectorよりも広い意味でのベクトルが入ってきても動作できる方が汎用性が高いでしょう。そこで、上のメソッドの二つともVectorをAbstractVectorに置き換えて、

```
001 function sugoikansu(a::AbstractVector,n::T) where T <:Integer
002     b = rand(n)
003     println("general version")
004     return sum(b) + abs(sum(a))
005 end
006 function sugoikansu(a::AbstractVector{T1},n::T2) where {T1 <: Real,T2 <:Inte
    ger}
007     println(T1)
008     b = rand(T1,n)
009     println("real version")
010     return sum(b) + sum(a)
011 end
```

と書き換えてみます。AbstractVectorは抽象型で、ベクトル的に扱うことのできる型の上位の型です。例えば、

```
c = range(0,2,length=10)
println(typeof(c))
```

とすると、型の名前としてStepRangeLen{Float64, Base.TwicePrecision{Float64}, Base.TwicePrecision{Float64}, Int64}が得られます。これはVector型ではありませんが、AbstractVector型の下位の型です。そのため、sugoikansu(c,4)を実行することができます。

上の例ではAbstractVectorを使いましたが、型に対して制限をかけない形でsugoikansu(a,n::T) where T <:Integerとしますと、これはaがAny型であることを意味しています。Any型はすべての具象型の一番上にある型で、どんな変数も必ずAny型の下にあります。つまり、あえて引数aの型をAbstractVetorとせずに型を決めずにどんな型でも受け付けられるようにしておくと、sum(a)が定義されているすべての型に対して動作可能な関数になります。実際にコードを書く場合には、とりあえず引数の型の制限のない関数を書いておき挙動を変えるときだけ型を指定する、といったやり方の方が便利かもしれません。

● 2-4-9 ブロードキャスト

Juliaで知っていると便利な機能として、「ブロードキャスト」というものがあります。これは配列に対して関数を「成分ごとに」演算することができる機能です。例えば、

```
a = [1,2,3]
```

と3成分のベクトルを定義したとします。このとき、成分それぞれを引数として

```
b = [cos(a[1]),cos(a[2]),cos(a[3])]
```

のような計算をしたいとします。Juliaでは、これは、

```
b = cos.(a)
```

とすることで簡単に実現できます。このように、関数名+ドット.をつけることで、配列に対応していない関数の引数に配列を入れることができます。これはもちろん自分の定義した関数に使うこともできて、

```
a = [2,3,4]
b = ["cat","dog","fish"]
kakeru.(a,b)
```

とすると、aとbの要素のそれぞれに対してkakeruを適用した結果を返してくれます。

● 2-4-10 オプショナル引数とキーワード引数

関数の引数としてあらかじめ値を入れたいときもあるかと思います。Juliaでは二種類の方法があります。一つ目はオプショナル引数で、

```
function tasu(a,b=3)
    return a+b
end
```

のように、b=3とbの値をとして3をデフォルトの数字にしています。この関数はtasu(2)のように引数一つで呼び出すことができます。引数一つで呼び出した場合、b=3なので、tasu(2)は5という値が返ります。もし、bの値を変えたい場合には、tasu(2

,4)とします。

もう一つの方法はキーワード引数です。キーワード引数の場合、

```
function tasu_key(a;b=3)
    return a+b
end
```

とします。このtasu_key関数も引数一つで呼びtasu_key(2)とすると、5が値として返ります。一方、bという値を変えたい場合には、tasu_key(2,b=4)という形でb=として指定します。引数が少ない場合にはあまり違いが分かりませんが、例えば、

```
function tasutasu(a,b=3,c=4,d=5)
    return 1000*a+100*b+10*c+d
end
```

のように三つオプショナル引数がある場合を考えます。この場合、

```
println(tasutasu(2))
println(tasutasu(2,5))
println(tasutasu(2,5,9))
println(tasutasu(2,5,9,4))
```

とすると、

```
2345
2545
2595
2594
```

のように右側にある引数を省略する形で呼び出すことができますが、b,cをデフォルト値にしたままdの値だけ変更する、というようなことはできません。キーワード引数の場合には、

```
function tasutasu_key(a;b=3,c=4,d=5)
    return 1000*a+100*b+10*c+d
end
```

のように定義しますが、この場合には、tasutasu_key(2,d=9)のように、dだけを変

更することが可能です。また、任意の数のキーワード引数を使用することもできて、

```
001 function tasutasu_key(a;kwargs...)
002     n = length(kwargs)
003     println("num. keywords ",n)
004     for (key,val) in kwargs
005         println("key: ", key, " = ",val)
006     end
007     println(values(kwargs))
008     println(keys(kwargs))
009     return a + values(kwargs).b
010 end
```

と定義すると、

```
tasutasu_key(3,b=4)
tasutasu_key(3,b=4,bb= 9)
```

などとすることができます。ここで、values(kwargs)はキーワード引数を名前付きタプルとして得るもので、今回の場合には.bとすることで名前付きタプルの中身のbを得ることができます。

2-5 構造体(struct)

2-5-1 structの定義

Juliaで数値計算を行う際、上述した関数に関する機能を使えばさまざまなことができるようになるでしょう。しかしながら、関数だけを使っていると、数値計算のコードを書く場合に面倒なことも起こりえます。想定した動作を行うようなプログラムを書く上では関数だけ知っていればいいのですが、読みやすい、あるいは書き換えしやすいコードを書くためには、ここで紹介する「構造体」という機能が重要です。

例えば、ある関数が`hukuzatsu(a,b,c,d,e,f,g,h)`のように8個の引数を持っているとします。この関数を呼び出す場合、常に8個の引数の順番を正確に入れなければ、想定した結果を得られません。また、この関数では機能が足りず、新しい引数が必要になったとします。このとき、`hukuzatsu(a,b,c,d,e,f,g,h,i)`と引数を一つ増やして9個にしたとします。すると、これまで8個の引数で呼び出していた`hukuzatsu(a,b,c,d,e,f,g,h)`が登場するすべて場所で、9個の引数を持つ`hukuzatsu(a,b,c,d,e,f,g,h,i)`を呼び出すように書き換える必要が出てきます。これは大変です。Juliaでは、構造体(Struct)を使うことでこのような煩雑さを回避することができます。

Juliaでの構造体(struct)を導入することは、これまで登場してきたJuliaのさまざまな型と同様に新しい自分で定義した型を導入することを意味します。Juliaでの独自型は、

1. struct
2. mutable struct

の二種類があります。`struct`は一度定義したら中身が変更できないもの、`mutable struct`は中身が変更可能なものです。 `struct`は

```
struct Integrator
    a
    b
end
```

のように定義します（Juliaでは型の名前は最初を大文字にして定義するのが慣例です）。ここでは、`Integrator`という型に`a`と`b`という値が格納できるように定義しました。ここで導入した`a`や`b`はフィールドと呼ばれます。例えば、「独自型`Integrator`

のフィールドはaとbの二つ」のように言います。なお、ここで定義したIntegratorは具体的なフィールドを持つ、すなわち「値を持つ」ため、具象型です。そして、これまで出てきた倍精度実数型と同じように、具象型には具体的な値が入りうるため、Integrator型の変数を定義するときは、

```
A = Integrator(2,"cat")
B = Integrator(rand(2,2),2+im)
```

のように、Integrator(a,b)のような形でフィールドの値を順番に指定して定義します。値を取り出すには、

```
c = A.a + B.b
println(c)
```

のようにドット.を使います。名前付きタプルと同じですね。そして、structはタプルと同様に値を変更できません。そのため、A.a = 3のように値を代入するような操作はエラーとなります。mutable structの場合は

```
mutable struct MIntegrator
    a
    b
end
```

のようにmutableを最初につけて定義します。呼び出しはstructと同様です。しかし、mutable structはA.a = 4のように値を変更することが可能です。パフォーマンスの観点では、もし値が変更されないのであれば、変更できないstructを利用する方がいいでしょう。なお、Julia 1.8以降であれば、mutable struct内の特定のフィールドを変更不可能にすることができます。これは、constというものをつけることで実現でき、例えば、

```
mutable struct MIntegrator_2
    const a
    b
end
```

のようにすると、A = MIntegrator_2(2,4)としたとき、A.b=3は可能ですが、A.a=5はエラーが出るようになります。数値計算においては、不要に変化させてはいけない

値に対してconstをつけるとパフォーマンスやデバッグの上で有用かと思います。

2-5-2 実用的な定義

上で定義したstructであるIntegrator型は、フィールドに何が入っても構わない形で定義されていました。しかし、数値計算のパフォーマンスの観点では、フィールドの型を特定の具象型にすべきです。これは、Juliaが型を推論することで関数を最適化し実行時コンパイルを行なっていることと関連していて、フィールドの型に何が入るかわからない場合には何が入ってもいいようにしか最適化ができず、型がはっきりしている場合よりも最適化が効きません。そのため、structやmutable structを使う場合にはフィールドの型を具象型として、

```
struct Integrator_2
    a::Int64
    b::Float64
end
```

のように定義します。型をはっきり決めたくない場合には、後述する「パラメトリック型」を使います。Integrator_2型の変数を作りたい場合には、

```
A = Integrator_2(2,3)
```

のようにします。ここで、引数には2,3という二つの整数を入れていますが、フィールドbは倍精度実数型なので、3.0に変換されて値が格納されます。

2-5-3 コンストラクタ

これまでの説明では、structやmutable structによって定義された独自型の変数を作るには、そのフィールドの数だけ値を引数として取る必要がありました。しかし、実際の数値計算では、それぞれのフィールドの値が互いに関連しあっている場合もあります。例えば、

```
struct Unitvector
    x::Vector{Float64}
    n::Int64
end
```

のような独自型Unitvectorを定義したとします。このとき、フィールドnの値は常にベクトルxの長さだとします。これまでの定義の仕方では、

```
x = rand(3)
A = Unitvector(x,length(x))
```

のようにしていました。Juliaではコンストラクタとして、

```
function Unitvector(x)
    n = length(x)
    return Unitvector(x,n)
end
```

を定義することで、

```
x = rand(3)
A = Unitvector(x)
```

と変数を定義する際の引数を一つにすることができます。

上の例では、引数が2つでも1つでも変数を定義することができていました。そのため、Unitvector(x,200)のように、フィールドnの値がxの長さと全く関係のない値にセットすることも可能となってしまっています。これを避けるためには、引数が1つのみを受け付けるようにします。そのためには、

```
struct Unitvector
    x::Vector{Float64}
    n::Int64
    function Unitvector(x)
        n = length(x)
        return new(x,n)
    end
end
```

と独自型の定義の中に関数を定義します。ここで、newはstruct内でコンストラクタを定義するときだけ用います。このように型の中に定義した場合には、変数を定義するときにこの関数以外を使うことができなくなります。そのため、Unitvector(x,200)はエラーとなります。なお、Juliaには多重ディスパッチがあるため、型の中の関数

は同名で複数定義しても構いません。

● 2-5-4 パラメトリック型

上ではstructやmutable structのフィールドにはなるべく具象型を入れたほうがいいと述べました。しかし、場合によっては、フィールドに何が入るかわからないために型の定義の時点でフィールドの具象型を決められない場合もあると思います。そのような場合にはパラメトリック型を使います。 パラメトリック型は以下のように定義します。

```
struct Integrator_t{T1,T2}
    a::T1
    b::T2
end
```

そして、具体的にIntegrator_t{T1,T2}型の変数を作りたい場合には

```
A = Integrator_t{Float64,Int64}(2,3)
```

のようにします。ここで、T1とT2がパラメータとなっているために、この型をパラメトリック型と呼びます。多くの場合、T1やT2にはFloat64やInt64などの型の名前が入ります。パラメトリック型を使うことで、変数を具体的に定義したときに構造体のフィールドの型がはっきり決まり、Juliaが最適化しやすくなり、パフォーマンスが向上します。

上で述べたコンストラクタを

```
function Integrator_t(a,b)
    return Integrator_t{typeof(a),typeof(b)}(a,b)
end
```

のように導入すると、

```
A = Integrator_t(2,3)
```

のように型部分を省略できます。なお、この場合は2,3ともに整数なので、Integrator_t{Int64, Int64}という型の変数が定義されることになります。

上のIntegrator_t型では、フィールドaとbで異なる型を入れることができまし

た。数値計算においては、両方とも同じ型である（両方とも実数であるとか両方とも複素数であるとか）ことが要求される場合があります。このようなときは、

```
struct Integrator_samet{T}
    a::T
    b::T
end
```

のようにします。これによって、二つのフィールドの型が常に等しいことを要求することができます。

パラメトリック型自体は独自型だけで登場する概念ではありません。例えば、複素数型は、

```
a = 2+3im
println(typeof(a))
b = 1.9 + 9.4im
println(typeof(b))
```

のようにすると、Complex{Int64}とComplexF64と表示されます。一つ目は整数の複素数、二つ目は倍精度実数の複素数です。これら二つはComplex{T}というパラメトリック型です。他にはVector{Float64}というベクトルを表す型は、パラメータTがFloat64のVector{T}型です。

2-5-5 抽象型

これまで定義してきた独自型はすべて具象型でしたが、他の型と同様に独自の抽象型を定義することができます。型の説明のところで述べたように、抽象型は具体的な数値を持っていません。例えば、Real型は実数を意味し、整数型Int64や倍精度実数型Float64を含んでいます。そのため、Realの引数に対して何かを行う関数を作ると、引数にInt64が入ってもFloat64が入っても呼び出される関数が作られます。しかし、Realという型の変数というものは存在しません。これと同じように、独自型でも抽象型を定義する場合、フィールドを持ちません。したがって、定義の仕方は

```
abstract type Animal end
```

のようにフィールドを持たない形になります。ここで、abstract typeとすることでこの型が抽象型であることを述べています。

さて、抽象型はそれ自体は変数になりえない型なので、定義した抽象型を下にある具象型を定義しなければ役に立ちません。ある抽象型Animalの下位にある抽象型を定義するには、

```
struct Dog <: Animal
    age::Float64
end
```

のように<: Animalを定義に付け加えます。このようにDog型がAnimal型の下位であるとしておくと、Animal型を引数とする関数を作れば、その関数はDog型でも使えるようになります。

2-5-6 構造体と多重ディスパッチ

上で述べてきた構造体の定義は、変数を取りまとめるという意味では有用でした。しかし、多重ディスパッチと組み合わせることで、さらに現代的で便利なコーディングを行うことができます。

多重ディスパッチの有用性を見るために、以下のような独自型を定義することにします。

```
struct MyMatrix{T}
    name::String
```

```
    data::Matrix{T}
    function MyMatrix(name,data)
        return new{eltype(data)}(name,data)
    end
end
```

この関数はJuliaの通常の行列の型Matrix型とよく似ていますが、名前がつけられるところが違います。この型の変数を二つ用意する場合、

```
A = MyMatrix("A",rand(2,2))
B = MyMatrix("B",rand(2,2))
```

のようにしますが、このAやBに対してA*Bはできません。なぜなら、MyMatrix型に対する掛け算は定義されていないからです。また、この型はMatrixではないため、Matrix型に対するさまざまな計算をしたければ、A.dataとMatrix型の変数であるdataというフィールドを直接呼び出す必要があります。そして、行列の要素を取り出したければ、A.data[1,2]などとしなければなりません。行列の要素の値を代入したい場合には、A.data[2,3] = 3のようにする必要があります。せっかく便利そうな独自型を作っても、毎回dataを取り出すのは少し不便です。これを解消するためには、

```
struct MyMatrix{T} <: AbstractMatrix{T}
    name::String
    data::Matrix{T}
    function MyMatrix(name,data)
        return new{eltype(data)}(name,data)
    end
end
```

として、MyMatrix{T}型をAbstractMatrix{T}型の下位の型とします。このようにすると、AbstractMatrix{T}を引数に取る関数すべてに引数としてMyMatrix{T}型を入れられるようになります。もちろん、このままでは何も行列らしさがないため、AbstractMatrixに相応しいメソッドを定義しておきます。

```
Base.size(A::MyMatrix) = size(A.data)
Base.getindex(A::MyMatrix, i::Int) = A.data[i]
Base.getindex(A::MyMatrix, I::Vararg{Int, N}) where N = A.data[I...]
```

sizeは行列のサイズを返す関数、getindex(A,i)はA[i]としたときにどのような値を返すかを決める関数、getindex(A::MyMatrix, I::Vararg{Int, N})はA[1,2]などとしたときにどのような値を返すかを決める関数です。なお、I::Vararg{Int, N}のVararg{Int, N}という型は、「整数がN個並んだタプル」という意味です。また、A[I...]のI...は、Iという中身のタプルを展開して代入することを意味しています。例えば、I = (i1,i2)の場合は、A[I...]はA[i1,i2]と等価です。このように...を使うことでタプルの中身の数に依存しない形で記述することができます。

上記のようなメソッドを定義したことによって、

```
A = MyMatrix("A",rand(2,2))
println(A[1,2])
```

のように、まるで行列かのように添字によるアクセスが可能になります。さらに、添字による代入をサポートさせるために、

```
function Base.setindex!(A::MyMatrix, v, i::Int)
    A.data[i] = v
end
function Base.setindex!(A::MyMatrix, v, I::Vararg{Int, N}) where N
    A.data[I...] = v
end
```

を定義すると、A[1,2] = 4のような行列要素の代入ができるようになります。そして、行列要素へのアクセスと代入が実装されたことにより、

```
A = MyMatrix("A",rand(2,2))
B = MyMatrix("B",rand(2,2))
println(A*B)
println(A+B)
```

のように、行列同士の積や和ができるようになっています。さらに、

```
a = rand(2)
y = a \ A
println(y)
```

とすると、MyMatrix型で表現された行列Aに対する連立方程式 $Ay = a$ を解くこと

さえできてしまいます。このように、抽象型と構造体と多重ディスパッチを組み合わせることで、シンプルなコーディングをすることが可能となります。

● 2-5-7 関数としての呼び出し

本書では数値計算のパッケージを作ることを目的としているため、自分で定義した解法に関する独自型を定義することがあります。そして、定義した独自型を関数として扱うと便利な場合があります。例えば、

```
struct Addmult
    a::Float64
end
function (s::Addmult)(x,y)
    return s.a*x + y
end
```

のようにAddmultという型を定義すると、

```
A = Addmult(2)
b = A(10,100)
println(b)
```

を実行すると、120という値がアウトプットされます。ここで、変数として定義したAに引数として10,100を入れています。これは、Aが関数のように振る舞っていることを意味しています。Addmult内のaというフィールドの値をパラメータだと見なせば、これはパラメータ付きの関数を定義したことと同じです。

2-5-8 structに関する注意点

structの値は変更できない、というのは基本ですが、配列などの場合には少し挙動が異なるように見えますので、注意してください。例えば、

```
B = Integrator(rand(2,2),2+im)
```

とBを定義すると、フィールドaは 2×2 の行列です。このとき、

```
B.a[1,2] = 4
```

という代入操作は可能です。これはstructが変更できないのは「自分のフィールドaに割り当てられている配列rand(2,2)」であって、「rand(2,2)で構築された配列自体が変更できないとは言っていない」ためです。具体的には、rand(2,2)がフィールドaに割り当てられた時点でrand(2,2)というオブジェクトがこのフィールドaに割り当てられており、この割り当てを変更することはstructではできない、ということを言っています。そのため、割り当て自体はそのままで中身をいじることは可能です。一方、

```
B.a = ones(2,2)
```

のようにすると「フィールドaに新しくones(2,2)で生成されたオブジェクトを割り当てる」という意味になり、これはsturctでは禁止されています。

CHAPTER 3 そのほかの特筆すべき点

3-1 有益なパッケージ群

3-1-1 パッケージのインストール

Juliaでは有志がさまざまなパッケージを開発しており、それらのパッケージは簡単に導入することができます。パッケージを導入するには、REPLを立ち上げ、]キーを押してパッケージモードに変更します。その後、add LinearAlgebraのようにadd+パッケージ名を入力します。これによって自動的に指定したパッケージとそれを動かすのに必要なパッケージがインストールされます。Juliaではパッケージが必要とする別のパッケージのバージョンが指定されており、開発者が動作確認をしているバージョンのパッケージが自動的にインストールされます。

本書は自分で数値計算アルゴリズムを実装する本なので、数値計算に関連する有用なパッケージをいくつか挙げておきます。

- Arpack: 固有値問題をアーノルディ法で解くFortranライブラリ
- Combinatrics: 場合分けや組み合わせを計算するパッケージ
- Dierckx: 1次元と2次元のスプライン補間を行うパッケージ
- DifferentialEquations: 微分方程式を解くパッケージ
- FFTW: 高速フーリエ変換を行うパッケージ
- Flux: 機械学習パッケージ
- IterativeSolvers: 巨大な線形問題を解くパッケージ
- KrylovKit:クリロフ部分空間法によるソルバーが入ったパッケージ
- LinearAlgebra: 対角化や特異値分解を行える線形代数関連のパッケージ
- Optim: 非線形関数の最適化を行うパッケージ
- Plots: 結果の可視化を行うためのグラフ描画パッケージ
- QuadGK: 1次元数値積分を行うパッケージ
- Random: 乱数を扱うパッケージ

- SparseArrays: 疎行列を扱うパッケージ
- Zygote: 自動微分を行うパッケージ

● 3-1-2 新しいプロジェクト(仮想環境)の作り方

コードを書く際には、そのコードに必要最低限のパッケージだけを入れた状態を保ちたい場合があります。例えば、Pythonではpyenvなどが有名です。Juliaではディレクトリごとに使うパッケージを指定することができます。例えば、あるディレクトリでREPLを立ち上げ]キーを押してパッケージモードにした後、

```
(@v1.10) pkg> activate .
```

のようにactivateで場所を指定します（例ではカレントディレクトリ.を指定しています）。そして、add LinearAlgebraとすると、LinearAlgebraというパッケージだけが入った状態となります。どのようなパッケージが入っているかは、パッケージモードでstatusと打つことで、

```
  [37e2e46d] LinearAlgebra
```

のように得られます。なお、何がインストールされているかという情報はactivateしたディレクトリのProject.tomlに書かれています。REPLを使わずに直接コードを実行するときにプロジェクトを指定したい場合には、

```
julia --project=. hoge.jl
```

のようにします。この場合は、カレントディレクトリのProject.tomlが読み込まれ、hoge.jlというファイルが実行されます。

このようにactivateを行う利点の一つは、異なるバージョンのパッケージを共存させることができる点です。ディレクトリを指定してactivateした場合、本体にインストールしたバージョンと異なるバージョンのパッケージをインストールすることができます。バージョンを指定してインストールするにはパッケージ名+@v0.1.2のようにします。また、使ったバージョン情報はProject.tomlに保存されるため、Project.tomlを移動させれば同じ環境でコードを開発することができます。

3-2 他言語の呼び出し

Juliaで開発されたパッケージは最近は多く開発されていますが、それでもまだ他の言語のライブラリにあってJuliaのパッケージにないパッケージは存在します。例えば、Pythonは非常に多くのライブラリが開発されており、Pythonのエコシステムはjuliaよりも遥かに巨大です。しかし、Juliaでは他の言語を呼び出す方法が公式でサポートされているため、現時点で他言語にしかないライブラリをそのまま呼び出すことでJuliaで利用することができます。

● 3-2-1 Python

JuliaではPyCallというパッケージでPythonのライブラリを扱うことができます。PyCallはREPLを起動し、]キーを押してパッケージモードにした後add PyCallでインストールすることができます。もし、すでに使っているPythonを使いたい場合には、

```
ENV["PYTHON"] = "/usr/bin/python" #Pythonの場所を指定
```

のようにPythonがインストールされている場所を指定してからadd PyCallをしてください。もし使うPythonを変えたい場合には、パッケージモードでbuild Pycallを行います。

Pythonのパッケージを読み込みたいときはpyimportを使います。例えば、Pythonのmathパッケージを利用したい場合には

```
using PyCall
math = pyimport("math")
math.sin(math.pi / 4)
```

とすると、Pythonで定義された三角関数や円周率を使うことができます。

次に、Pythonのプロットに関する有名なmatplotlibを使ってみましょう。まず、matplotlibのpyplotをインストールするには、

```
pyimport_conda("matplotlib.pyplot","matplotlib")
```

とします。そして、

```
plt = pyimport("matplotlib.pyplot")
x = range(0;stop=2*pi,length=1000)
y = sin.(3*x + 4*cos.(2*x))
plt.plot(x, y, color="red", linewidth=2.0, linestyle="--")
plt.show()
```

とすると、matplotlibを使ってグラフを描画することができます。

他には、Juliaで定義した関数に対してPythonのライブラリを使用することもできます。例えば、

```
so = pyimport("scipy.optimize")
y = so.newton(x -> cos(x) - x, 1)
println(cos(y)-y)
```

とすると、$\cos(x) - x = 0$ の解をPythonの科学技術計算系パッケージscipyを使って計算することができます。

3-2-2 Fortran

数値計算を扱う方であれば、Fortranでコードを書いたこともある方も多いでしょう。JuliaではFortranの関数やサブルーチンを呼び出すこともできます。そのためにはccallを使います。これはJuliaからc言語の関数を呼ぶものです。Fortranの関数はc言語から呼べるため、ccallでも呼ぶことができます。 呼び方の詳細については別の本やウェブサイトを参考にするということにして、ここでは例を示します。Fortranコードとして、

```
001 module multi
002     contains
003     subroutine cscmat(val,col,row,val_l,col_l,row_l,x,n,b) bind(c, name = 'c
    scmat') !複素数行列の行列ベクトル積を計算
004     implicit none
005     integer(8),intent(in)::val_l,col_l,row_l
006     complex(8),intent(in)::val(1:val_l)
007     integer(8),intent(in)::col(1:col_l),row(1:row_l)
008     integer(8),intent(in)::n
009     complex(8),intent(in)::x(1:n)
010     complex(8),intent(out)::b(1:n)
011     integer::i,j
012     b = 0d0
013     do j=1,n
014         do i=col(j),col(j+1)-1
015             b(row(i)) = b(row(i)) + val(i)*x(j)
016         end do
017     end do
018 
019     return
020     end subroutine cscmat
021 end module multi
```

というものを用意してみます。これはCSC（圧縮列格納）形式の疎行列の疎行列ベクトル積を計算するサブルーチンです。このコードをmatmul.f90という名前で保存してから、

```
gfortran matmu.f90 -o matmul.so -shared -fPIC
```

とgfortanでコンパイルしてみます。これによってmatmul.soという共有ライブラリが作成されました。そして、ここで定義した関数の名前はbind(c, name = 'cscmat')によって、cscmatという名前で呼び出すことができるようになっています。次に、このライブラリを呼び出すJuliaのコードとして、

```
001 using SparseArrays
002 using Random
003 function main()
004     Random.seed!(1234) #乱数シードを固定
005     n = 10 #10x10の適当な行列を用意
006     A = spzeros(ComplexF64,n,n)
007     for i=1:n
008         j = rand(1:n)
009         A[i,j] = rand()+im*rand()
010     end
011     col = A.colptr #疎行列の列
012     val = A.nzval #疎行列の値
013     row = A.rowval #疎行列の行
014     x = rand(Float64,n)+im*rand(Float64,n)
015     b = zeros(ComplexF64,n)
016     val_l = length(val)
017     row_l = length(row)
018     col_l = length(col)
019     println("Ax ", A*x) #行列ベクトル積 b = A*xを実行したい
020     ccall((:cscmat,"./matmul.so"),Nothing,
021         (Ref{ComplexF64}, #val
022         Ref{Int64}, #col
023         Ref{Int64}, #row
024         Ref{Int64}, #val_l
025         Ref{Int64}, #col_l
026         Ref{Int64}, #row_l
027         Ref{ComplexF64}, #x
028         Ref{Int64}, #n
029         Ref{ComplexF64}), #b
030         val,col,row,val_l,col_l,row_l,x,n,b)
031     println("Ax from Fortran ", b)
032 end
033 main()
```

を用意します。ここで、ccallでは、(関数名、共有ライブラリの場所)という形で呼び出す関数とそれが入ったライブラリを指定しています。また、Refから始まる変数は、Fortranのサブルーチンの引数がどのような型を持っているかという情報を書い

ています。最後のval,col,row,val_l,col_l,row_l,x,n,bはJuliaからFortranに引き渡す引数です。このコードを実行すると、JuliaのSparseArraysで計算した疎行列ベクトル積A*xとFortranで計算した疎行列ベクトル積の値bが同じ値になっていることを確認できると思います。

3-3 遅くならないためのテクニック

Juliaでコーディングしている際、自分が想定しているよりもコードが遅いと感じることがあるかもしれません。そのような場合、この節で挙げている何らかのことをやってしまっているために遅くなっている可能性があります。以下に挙げるものがすべてではありませんが、初学者が陥りやすい点について述べたものになります。

● 3-3-1 実行時間の計測

コードの実行速度の速さを調べるためには、実行時間の計測が必要です。コードのベンチマークには@timeマクロやBenchmarkToolsを用います。BenchmarkToolsを使えばさまざまな情報が得られますが、ここでは一番簡単な@timeを使った方法について述べます。 まず、計測する対象となる関数を

```
001 using Random
002 Random.seed!(123)
003 t = zeros(3)
004 function mysugoikansu(n)
005     s = 0
006     for i=1:n
007         b = rand(3)
008         s += cos(i)+sum(b)
009         t .+= s*cos(s)
010     end
011     return s
012 end
```

とします。これの計算時間を計測するには、

```
@time  mysugoikansu(10000)
```

```
@time  mysugoikansu(10000)
@time  mysugoikansu(10000)
y = mysugoikansu(10000)
println(y)
```

のようにします。出力結果は、

```
  0.023539 seconds (131.40 k allocations: 7.852 MiB, 86.16% compilation time)
  0.003093 seconds (40.00 k allocations: 1.526 MiB)
  0.003100 seconds (40.00 k allocations: 1.526 MiB)
```

のようになります（使用した環境や計算機によって上の値は変化します）。Juliaでは最初の実行でJITコンパイルを行なっているため、最初の一回目の計算時間は、コンパイル時間も込みの時間になっているため遅いです。ここで挙げたmysugoikansuは初学者がやりがちな速度低下要因を詰め込んでみました。これからこの関数を改善していきます。最後のyの値は14983.90941198965です。この値が変化しないように高速化していきましょう。

● 3-3-2 コードは関数の形にする

上の関数mysugoikansuの改善をする前に、必ず行わなければならないことについて述べます。それは「コードは関数の中に入れて実行する」ということです。Pythonなどを知っている場合にやってしまうことが多いようですが、Juliaは関数ごとにJITコンパイルによる最適化を行うため、関数に入っていないコード、特にforループは最適化がうまくいかず、遅いです。そのため、コードは必ず

```
function main()
#何かコード
end
main()
```

のような形にしておきましょう。

3-3-3 グローバル変数は使わない

グローバル変数は極力避けてください。Juliaがうまく最適化してくれなくなってしまいます。mysugoikansu(n)では変数tが関数の外で定義されており、それが関数の内部で変更されています。これでは、tが何かがわからないために最適化がうまくいきません。これを改良するには、

```
001 using Random
002 Random.seed!(123)
003 t = zeros(3)
004 function mysugoikansu!(t,n)
005     s = 0
006     for i=1:n
007         b = rand(3)
008         s += cos(i)+sum(b)
009         t .+= s*cos(s)
010     end
011     return s
012 end
```

のようにtを引数にします。これにより、

```
@time  mysugoikansu!(t,10000)
@time  mysugoikansu!(t,10000)
@time  mysugoikansu!(t,10000)
y = mysugoikansu!(t,10000)
println(y)
```

の結果は

```
  0.000579 seconds (10.00 k allocations: 781.266 KiB)
  0.000579 seconds (10.00 k allocations: 781.266 KiB)
  0.000588 seconds (10.00 k allocations: 781.266 KiB)
```

となります。これで最初の約5倍速くなりました。値は14983.90941198965となっており、同じ値です。

3-3-4 一つの関数内で型を変化させない

関数mysugoikansu!では、変数sが最初s=0で整数で定義されていますが、ループ内ではcosがあるため倍精度実数になっています。これは、関数内でsの型が変化していることを意味しています。Juliaでは型を推測することでその型に最適なコードをコンパイルによって生成しているため、型が関数内で変化しない方が高速なコードが生成されます。

3-3-5 ループ内で大量に配列を生成しない

mysugoikansu!(t,n)の@timeの結果を見てみると、10.00 k allocationsとあります。これは、メモリーアロケーションが10000回生じていることを意味しています。今、forループでn=10000としているため、ループ内で1回メモリーアロケーションが起きていることを意味しています。そして、その原因はb = rand(3)です。ここで長さ3の配列を生成しています。配列を作成しないように関数を変更すると、

```
001 using Random
002 Random.seed!(123)
003 t = zeros(3)
004 function mysugoikansu!(t,n)
005     s = 0.0
006     for i=1:n
007         s += cos(i)
008         for k=1:3
009             s += rand()
010         end
011         t .+= s*cos(s)
012     end
013     return s
014 end
```

となります。上と同様に実行して計算時間を見てみると、

```
0.069330 seconds (198.25 k allocations: 13.184 MiB, 99.49% compilation time)
0.000336 seconds (1 allocation: 16 bytes)
0.000339 seconds (1 allocation: 16 bytes)
```

となります。メモリーアロケーションの数は10000回から1回まで減少し、計算時間も短縮されました。値は14983.909411989645と同じです。最初のmysugoikansu(n)と比べると10倍高速化されています。

● 3-3-6 配列はメモリの順番にアクセスする

このテクニックはJuliaに限りませんが、多次元配列を扱う場合には、配列のアクセスは実際のメモリに格納された順番で行う方が速いです。例えば、ループの順番が逆の二つの関数を用意し、

```
001 function migikansu(A)
002     n,m = size(A)
003     s = 0.0
004     for i=1:n
005         for j=1:m
006             s += sin(A[i,j])
007         end
008     end
009     return s
010 end
011 function hdiarikansu(A)
012     n,m = size(A)
013     s = 0.0
014     for j=1:m
015         for i=1:n
016             s += sin(A[i,j])
017         end
018     end
019     return s
020 end
```

とします。行列AとしてA = rand(100,1000)を用意し、それぞれの計算時間を測ってみると、後者のhidarikansuの方が速いです。これは、Juliaの配列の要素がメモリ上でA[1,1],A[2,1],A[3,1]のような列ベースで格納されているからです。そのため、ループを行う場合には配列は常に左側の添字が一番深くなるように書くことで高速に動作させることができます。

3-3-7 配列のスライスに気をつける

メモリーアロケーションが増えると計算時間が増えるという傾向にあります。気付きにくい問題として、配列のスライスの使用によるメモリーアロケーションの増加があります。Juliaでは`A[4:9]`のように指定すると配列の要素を4から9まで取り出すことができます。このような配列の要素の取り出し方をスライスと呼びます。

このスライスは便利ですが、スライスを行うたびに新しい配列を作成していることに気をつけてください。つまり、`Ad = A[4:9]`とすると、新しい配列`Ad`が作られています。そのため、forループの中で大量にスライスを作成すると、メモリーアロケーションと値のコピーを大量に行うことになるため、計算が遅くなります。これを回避するには、スライスを作らないように一つずつアクセスするようにしましょう。

3-4 module(モジュール)

JuliaはPythonやC++とは異なりオブジェクト指向ではありません。しかし、前述したStructを用いることで現代的なコーディングが可能となっています。そして、現代的なコーディングに必須の機能の一つに、「再利用のためのコードの部品化」があります。作成したコードを別の場所でも使えるようにしておくと、同じ関数をコピーアンドペーストで何度も書く必要がなくなり、デバッグも容易になります。ここで、`function`や`struct`を取りまとめ一つのパッケージとして見なす`module`について説明します。第II部の実践編では、この`module`を用いて、自作の数値計算用パッケージを作成します。`module`は関数をまとめることができます。例えば、

```
001 module MyNumerics
002     export MyMatrix
003     struct MyMatrix{T} <: AbstractMatrix{T}
004         name::String
005         data::Matrix{T}
006         function MyMatrix(name,data)
007             return new{eltype(data)}(name,data)
008         end
009     end
010     Base.size(A::MyMatrix) = size(A.data)
011     Base.getindex(A::MyMatrix, i::Int) = A.data[i]
012     Base.getindex(A::MyMatrix, I::Vararg{Int, N}) where N = A.data[I...]
013     function Base.setindex!(A::MyMatrix, v, i::Int)
014         A.data[i] = v
015     end
016     function Base.setindex!(A::MyMatrix, v, I::Vararg{Int, N}) where N
017         A.data[I...] = v
018     end
019     function sugoi(s)
020         println("$s is super cool!")
021     end
022 end
```

のようにMyNumericsモジュールを定義します。これを使うには、

```
001 using .MyNumerics
002 function main()
003     A = rand(2,2)
004     B = rand(2,2)
005     Am = MyMatrix("A",A)
006     Bm = MyMatrix("B",A)
007     println(Am*Bm)
008     MyNumerics.sugoi("MyMatrix")
009 end
010 main()
```

のようにします。なお、moduleの名前は慣例として最初の一文字を大文字とします。

自前のmoduleを呼び出すときには、usingをするときに先頭にドット.をつけるようにしてください。これは、.は場所を表していて、ディレクトリと同じように「その場所」を表すものです。もし..とすると、それより一つ上の場所で定義されたmoduleとなります。ここで、export MyMatrixとしていますが、このexportをつけた関数や型はモジュール名なしで使うことができます。一方、sugoiという関数はexportがついていないため、MyNumerics.sugoiのようにモジュール名+.という形になります。

パッケージの呼び出しにはusingの他にimportというものがあります。exportがついていない関数もモジュール名なしで呼びたい場合には、

```
import .Mynumerics:sugoi
```

のように書きます。

このmoduleと、コードの呼び出しを行う関数includeを組み合わると、

```
module MyNumerics
    include("sugoi/A.jl")
    include("yowai/B.jl")
end
```

のようにすることで、より大きなパッケージも整理して扱うことができます。第II部では、機能の異なる関数群をそれぞれ別のファイルに記述子、includeでまとめることになります。

第 II 部

実践編

CHAPTER 0 Julia的数値計算

0-1 自分の数値計算パッケージ MyNumerics.jlの作成

さて、【第I部　基礎編】では、数値計算をするためのJuliaの基本的な機能について解説を行いました。【第II部　実践編】では、具体的な数値計算の問題をJuliaで解くことにします。

この実践編ではさまざまなアルゴリズムをfunctionとして実装しますが、それらをまとめて一つのパッケージを作成し、必要に応じて他のコードでも使える形にしましょう。

まず、パッケージを作るためのパッケージPkgTemplatesを導入します。REPLを立ち上げ、REPLで]キーを押してからadd PkgTemplatesとするか、

```
using Pkg
Pkg.add("PkgTemplates")
```

としてください。どちらの方法でもPkgTemplatesをインストールすることができます。

次に、パッケージの雛形を作ります。

```
using PkgTemplates
t = Template(;user="hogehoge",authors=["Seimei Abe"],dir="./",julia=v"1.9")
generate("MyNumerics.jl",t)
```

ここで、user名やauthorsは、今回一般公開するのではなく自分用ですので適当で構いません。これで、ディレクトリ直下./にMyNumericsというディレクトリが作成できました。

このディレクトリの中身は、

```
MyNumerics
├── LICENSE
├── Manifest.toml
├── Project.toml
├── README.md
├── src
│   └── MyNumerics.jl
└── test
    └── runtests.jl
```

のようになっているはずです。srcディレクトリの中にはMyPackage.jlというファイルがあると思います。このファイルの中身は

```
module MyNumerics
# Write your package code here.
end
```

となっているはずです。これでパッケージMyNumericsを作成する準備ができました。このファイルの中にコードを書いていけば、自分のパッケージMyNumericsの機能を増やすことができます。例えば、

```
module MyNumerics
function hellomypackage()
    println("こんにちは！")
end
end
```

のようにhellomypackage()を作成しておきましょう。 このMyNumericsを使う方法はいくつかありますが、ここでは一番シンプルな方法を紹介します。

　まず、MyNumericsのディレクトリに移動し、JuliaのREPLを立ち上げます。その後、]キーを押して、activate .とすると、

```
(MyNumerics) pkg>
```

という状態になり、まっさらなJulia環境に自分のパッケージMyNumericsだけが入った環境を作ることができます。なお、activate .の.は自分の現在のディレクトリの場所を指定しているため、別の場所から呼ぶ場合にはその場所を指定してください。

この状態でdeleteキーを押して通常のjulia>の状態に戻すと、MyNumerics以外何も入っていないJuliaを使うことができます。この状態で、

```
using MyNumerics
MyNumerics.hellomypackage()
```

とすると、hellomypackage()を呼び出すことができて、こんにちは！が出力されます。

REPLではなく、端末からJuliaを実行したい場合には、

```
julia --project=./ test.jl
```

のように--projectでディレクトリの場所を指定することで、まっさらな状態のJuliaを呼び出すことができます。

このactivate .した状態には追加のパッケージが入っていませんので、別のパッケージを入れる場合にはいつも通りaddをしてください。

0-2 パッケージのテスト

作ったディレクトリの中にはsrcディレクトリがあり、その中にコードがありました。この他に、testというディレクトリの中にはruntests.jlがあります。このファイルの中身は、

```
using MyNumerics
using Test
@testset "MyNumerics.jl" begin
    # Write your tests here.
end
```

です。このファイルに書かれたコードは、REPLで]キーを押してパッケージモードにした後にactivate .し、testで実行することができます。そのため、試しに

```
using MyNumerics
using Test
@testset "MyNumerics.jl" begin
    MyNumerics.hellomypackage()
    a = 2*2
    @test a == 4
end
```

として、testを実行してみてください。

```
こんにちは!
Test Summary: | Pass  Total  Time
MyNumerics.jl |    1      1  0.0s
     Testing MyNumerics tests passed
```

以上のような出力が得られていると思います。このように、testによってパッケージの動作確認をできます。なお、@test a == 4というものをコードに書きましたが、これは、条件が満たされていればテストがPassになります。そのため、あらかじめ答えがわかっている場合には、ここに値を入れておくことで正しい動作になっているかを調べることができます。

以後、作成した関数はMyNumerics内に定義し、テストを適宜行うことにします。

0-3 ファイルの構成

次の章以降、具体的にfunctionを定義していきますが、すべての章の内容を一つのファイルにすると煩雑です。そのため、それぞれ以下のようなファイル名で保存し、includeを用いてMyNumericsに入れることとします。

具体的には、srcディレクトリに01.jlから07.jlという空のファイルを作成し、MyNumerics.jlは、

```
001 module MyNumerics
002 include("./01.jl")#連立方程式
003 include("./02.jl")#非線形方程式
004 include("./03.jl")#固有値
005 include("./04.jl")#数値微分
006 include("./05.jl")#補間と近似
007 include("./06.jl")#常微分方程式
008 include("./07.jl")#偏微分方程式
009 function hellomypackage()
010     println("こんにちは！")
011 end
012 end
```

とします。また、runtests.jlは、

```
001 using MyNumerics
002 using Test
003 @testset "連立方程式" begin
004     include("./01test.jl")
005 end
006 @testset "非線形方程式" begin
007     include("./02test.jl")
008 end
009 @testset "固有値" begin
010     include("./03test.jl")
011 end
012 @testset "数値微分" begin
013     include("./04test.jl")
014 end
015 @testset "補間と近似" begin
016     include("./05test.jl")
017 end
018 @testset "常微分方程式" begin
019     include("./06test.jl")
```

```
020 end
021 @testset "偏微分方程式" begin
022     include("./07test.jl")
023 end
```

とします。ここでtestディレクトリには01test.jlから07test.jlという空のファイルを作っておきます。ディレクトリ構造は以下の通りです。

```
├── LICENSE
├── Manifest.toml
├── Project.toml
├── README.md
├── src
│   ├── 01.jl
│   ├── 02.jl
│   ├── 03.jl
│   ├── 04.jl
│   ├── 05.jl
│   ├── 06.jl
│   ├── 07.jl
│   └── MyNumerics.jl
└── test
    ├── 01test.jl
    ├── 02test.jl
    ├── 03test.jl
    ├── 04test.jl
    ├── 05test.jl
    ├── 06test.jl
    ├── 07test.jl
    └── runtests.jl
```

ある章のコードを書いているときに別の章のテストを行いたくない場合には、適宜includeを#でコメントアウトしてください。

CHAPTER 1 連立一次方程式

まず、連立一次方程式を解いてみましょう。初めてのJuliaでの実装例になるので、比較的丁寧に理論とコードを追うことにします。 さて、

$$
\begin{aligned}
9x + 2y + z + 3t &= 20 \\
2x + 9y - 2z + t &= 16 \\
-x - 2y + 8z - 2t &= 8 \\
x - 2y - 3z + 4t &= 17
\end{aligned}
$$

という連立方程式を解く方法について考えましょう。未知数は x, y, z, t の4つで式が4本の連立方程式です。この方程式を、

$$
\begin{pmatrix} 9 & 2 & 1 & 3 \\ 2 & 9 & -2 & 1 \\ -1 & -2 & 8 & -2 \\ 1 & -2 & -3 & 4 \end{pmatrix} \begin{pmatrix} x \\ y \\ z \\ t \end{pmatrix} = \begin{pmatrix} 20 \\ 16 \\ 8 \\ 17 \end{pmatrix}
$$

という形に行列とベクトルを使って整理すると、

$$
A\vec{x} = \vec{b}
$$

という形の方程式になっていることがわかります。今回は、行列 A は 4×4 行列ですが、 N 本の方程式がある場合には $N \times N$ 行列となります。

1-1 標準機能による方法

Q 例題 1.1

Juliaの基本的な機能を用いて、上記の連立方程式を解き、解を表示せよ。

第I部で紹介したように、連立方程式 $A\vec{x} = \vec{b}$ は、

```
x = A \ b
```

で解くことが可能です。そのため、コードは

```
001 function test01()
002     A = [4 1 2 3
003     2 9 -2 1
004     -1 -2 8 -2
005     1 -2 -3 4
006     ]
007     b = [20,16,8,17]
008     x0 = A \ b
009     println(x0)
010 end
011 test01()
```

となります。出力結果は

```
[-3.9999999999999996, 2.413793103448276, 3.3448275862068964, 8.96551724137931]
```

となります。今回はこの部分をMyNumericsパッケージのテストとして使います。つまり、01test.jlに上のコードを貼り付けます。そして、「0-2　パッケージのテスト」で述べたactivate .からtestを行います。今後行列Aを何度も使うことを考え、01test.jlを、

```
001 const A = [4 1 2 3
002             2 9 -2 1
003             -1 -2 8 -2
004             1 -2 -3 4
005             ]
006 const b = [20,16,8,17]
007 function test01()
008     x0 = A \ b
009     println(x0)
010 end
011 test01()
```

とします。ここで、Aやbは関数test01()の外で定義されているため、グローバル変数になっているように見えます。通常、グローバル変数は型が計算中に変更されうるために最適化が効きづらく遅いコードになってしまいますが、上のようにconstをつけるとこれは「定数」になるため、問題なく最適化が行われます。

1-2 反復法

ここでは、ヤコビ法とガウス・ザイデル法という二つの反復法を紹介します。

ヤコビ法

冒頭の連立方程式を以下のように変形してみます。

$$
\begin{aligned}
x &= -(2y + z + 3t)/9 + 20/9 \\
y &= -(2x - 2z + t)/9 + 16/9 \\
z &= -(-x - 2y - 2t)/8 + 8/8 \\
t &= -(x - 2y - 3z)/4 + 17/4
\end{aligned}
$$

もし、解として x, y, z, t の値を持っていれば、右辺にその値を代入すれば左辺になるはずです。しかし、もし解ではない組 x, y, z, t を持っていた場合、等式は成り立ちません。このとき、右辺に値を代入した結果得られた左辺の値を新しい解の候補として採用し、また右辺に代入する、ということを繰り返すことを考えます。つまり、 i 番目の候補 $x^{(i)}, y^{(i)}, z^{(i)}, t^{(i)}$ を右辺に代入して、

$$
\begin{aligned}
x^{(i+1)} &= -(2y^{(i)} + z^{(i)} + 3t^{(i)})/9 + 20/9 \\
y^{(i+1)} &= -(2x^{(i)} - 2z^{(i)} + t^{(i)})/9 + 16/9 \\
z^{(i+1)} &= -(-x^{(i)} - 2y^{(i)} - 2t^{(i)})/8 + 8/8 \\
t^{(i+1)} &= -(x^{(i)} - 2y^{(i)} - 3z^{(i)})/4 + 17/4
\end{aligned}
$$

のように $i+1$ 番目の解の候補を得ることとします。これを何度も繰り返すと、最後には左辺と右辺が等しい解が得られても良さそうです。この方法をヤコビ法と呼びます。

今回考えているのは変数が4つの4成分ベクトルですが、一般的には N 成分ベクトルを使って解くことになります。そこで、$\vec{x} = (x, y, z, t)^T$ の代わりに、$\vec{x} = (x_1, x_2, x_3, \cdots, x_N)^T$ という形で書いておきます。ベクトル $\vec{b}$ についても、$\vec{b} = (b_1, b_2, b_3, \cdots, b_N)^T$ としておきます。すると、上の式は

$$
x_j^{(i+1)} = \frac{1}{A_{jj}} \left[- \sum_{k=1, k \neq j}^{N} A_{jk} x_k^{(i)} + b_j \right] \tag{1}
$$

という形になります。

Q 例題 1.2

ヤコビ法を用いて連立方程式を解く関数を作成し、得られた解がたしかに解となっていることを確かめよ

ヤコビ法で計算するコードは以下のようになります。

```
001 function hanpuku_Jacobi(A,b;eps = 1e-7,printx=true)
002     n,m = size(A)
003     @assert n==m "正方行列である必要があります。$n x $m 行列です。"
004     x = zeros(Float64,n) #解の候補のベクトル。ここでは実数を仮定。
005     x_temp = zero(x) #計算用の一時ベクトル。適宜更新される
006     imax = 1000 #繰り返し代入の最大の数
007     converged = false
008     for i =1:imax
009         err = 0.0 #誤差
010         for j=1:n
011             x_temp[j] = b[j] #まずbの値を足しておく
012             for k=1:n
013                 if k==j
014                     continue #対角の場合は計算しないのでスキップ
015                 end
016                 x_temp[j] -= A[j,k]*x[k]
017             end
018             x_temp[j] /= A[j,j] #対角要素で割る
019             err += abs(x[j]-x_temp[j]) #j番目の要素の誤差を足す
020         end
021 
022         if err < eps #誤差が設定したeps以下になると終了する
023             converged = true
024             break
025         else
026             x .= x_temp #解の候補を更新
027         end
028         if printx #表示したくない場合にはprintx=falseとしておく
029             println("$i ",x)
030         end
031     end
032 
033     if  converged
```

```
034            println("収束しました")
035        else
036            println("収束しませんでした")
037        end
038        return x
039    end
```

この関数を01.jlに書き込むことで、MyNumericsパッケージの関数の一つとなります。01.jlに上のコードを書く場合には、最後のendの後にexport hanpuku_Jacobiとすることで、MyNumerics.hanpuku_Jacobi(A,b)ではなくhanpuku_Jacobi(A,b)で呼び出せるようになります。これ以後、01.jlに追加する関数はすべてexport 関数名をendの後につけるようにしましょう。この関数をテストするには、01test.jlを、

```
001    using LinearAlgebra
002    function test01_Jacobi()
003        x0 = A \ b
004        println(x0)
005
006        x = hanpuku_Jacobi(A,b)
007        println("Jacobi: 残差ノルム：",norm(A*x-b))
008    end
009    test01_Jacobi()
```

のようにします。なお、ここで使った関数normはベクトルのノルムを計算する関数ですが、LinearAlgebraパッケージに入っている関数です。そのため、using LinearAlgebraを行なっています。そして、MyNumericsパッケージにはLinearAlgebraが入っていませんので、activate .の後にadd LinearAlgebraをする必要があります。 このコードを実行すると、得られた解が真の解にどのくらい近いかがわかります。

i 番目のベクトル $\vec{x}^{(i)}$ を計算するためには、このベクトルの j 番目の要素 $\vec{x}_j^{(i)}$ を計算する必要がありますが、この要素は式(1)より変数 k に関する和が必要です。また、更新前のベクトル $\vec{x}^{(i)}$ のためにx_temp、更新後のベクトル $\vec{x}^{(i+1)}$ のためにxを用意しています。

例題 1.2 追加課題1

1. 上記のヤコビ法のコードを、ループ最大数imaxを設定しなくても済むようにwhile文を用いて書き直せ。
2. 行列の要素が複素数の場合に拡張せよ。

理論的背景

ヤコビ法が収束する条件について調べておきましょう。行列 A を上三角行列 U と下三角行列 L と対角行列 D

$$U = \begin{pmatrix} 0 & 2 & 1 & 3 \\ 0 & 0 & -2 & 1 \\ 0 & 0 & 0 & -2 \\ 0 & 0 & 0 & 0 \end{pmatrix}, \ L = \begin{pmatrix} 0 & 0 & 0 & 0 \\ 2 & 0 & 0 & 0 \\ -1 & -2 & 0 & 0 \\ 1 & -2 & -3 & 0 \end{pmatrix}, \ D = \begin{pmatrix} 9 & 0 & 0 & 0 \\ 0 & 9 & 0 & 0 \\ 0 & 0 & 8 & 0 \\ 0 & 0 & 0 & 4 \end{pmatrix}$$

を用いて、 $A = U + L + D$ とします。これらを用いると、反復する式は

$$D\vec{x}^{(i+1)} = -(U+L)\vec{x}^{(i)} + \vec{b}$$
$$\vec{x}^{(i+1)} = -D^{-1}(U+L)\vec{x}^{(i)} + D^{-1}\vec{b}$$

となります。真の解を $\vec{x}$ とすると、 i 番目の解の候補 $\vec{x}^{(i)}$ と真の解とのずれ（残差ベクトル）は、

$$\vec{e}^{(i)} \equiv \vec{x}^{(i)} - \vec{x} = -D^{-1}(U+L)(\vec{x}^{(i-1)} - \vec{x}) = -D^{-1}(U+L)\vec{e}^{(i-1)}$$

となります。最初に決めた初期の解候補 $\vec{x}_0$ の残差ベクトルを $\vec{e}_0 = \vec{x}_0 - \vec{x}$ とすると、

$$\vec{e}^{(i)} = M^i \vec{e}_0$$

と書くことができます。ここで $M \equiv -D^{-1}(U+L)$ です。したがって、何度も行列 M をかけていったときに $\vec{e}^{(i)}$ がどんどん小さくなっていけば、ヤコビ法は収束することがわかります。

もし M が対角化可能だった場合、 $M = P^{-1}\Lambda P$ のように固有値 λ_i が対角に並んだ対角行列 $\Lambda = \mathrm{diag}(\lambda_1, \lambda_2, \cdots, \lambda_N)$ を用いて対角化でき、このとき、

$$M^i = P^{-1}\Lambda^i P$$

となります。つまり、行列 M のすべての固有値の絶対値が1以下であれば、ヤコビ法は収束します。そして、絶対値最大の固有値が0に近ければ近いほどすぐに収束することもわかります。

しかし、ある行列 A が与えられたときに、連立方程式を解くために行列 M の固有値を求めることは計算コストの意味で現実的ではありません。実際には、行列 A がすべての i について、

$$|A_{ii}| > \sum_{j,j\neq i} |A_{ij}|$$

を満たすとき（これを対角優位と呼びます）、ヤコビ法が収束することが言えます（証明は省略）。

Q 例題 1.2 追加課題 2

上で定義された行列Aよりも早く収束するような行列Bを考え、試してみよ。

追加課題1.1略解

`for i =1:imax`の代わりに`while converged == false`とする。

追加課題1.2略解

xの定義のところで`ComplexF64`を用いるか、`if eltype(A) <: Complex`のときにそう定義する。

追加課題2略解

行列 M は行列 A の対角要素が大きいほど値が小さくなっていくので固有値も小さくなる。そのため、対角要素が行列 A より大きい行列を考えればよい。

ガウス・ザイデル法

ヤコビ法を少し改良して、より少ない回数で収束する方法を考えてみましょう。式(1)は解の j 番目の要素を更新する式です。例えば、$j=1$ の場合、$x_1^{(i+1)}$ は、$x_1^{(i)},\cdots,x_N^{(i)}$ を使って計算されます。この計算が終わった後、$j=2$ の計算を行います。このとき、$j=1$ と同じように $x_1^{(i)},\cdots,x_N^{(i)}$ を使って更新します。しかし、すでに $x_1^{(i+1)}$ が計算済みであることを考えれば、$x_1^{(i)}$ の代わりに $x_1^{(i+1)}$ を使った方が良さそうな気がします。つまり、$x_1^{(i+1)},x_2^{(i)},\cdots,x_N^{(i)}$ を使って $x_2^{(i+1)}$ を計算した方が良さそうです。同様に、$x_1^{(i+1)}$ の計算が終わった後の $j=3$ の場合は、$x_1^{(i+1)},x_2^{(i+1)}$ を使った方が良さそうです。つまり、式(1)の代わりに、

$$x_j^{(i+1)}=\frac{1}{A_{jj}}\left[-\sum_{k=1}^{j-1}A_{jk}x_k^{(i+1)}-\sum_{k=j+1}^{N}A_{jk}x_k^{(i)}+b_j\right] \tag{2}$$

とすると、より少ない回数で収束しそうです。この方法をガウス・ザイデル法と呼びます。

Q 例題 1.3

ガウス・ザイデル法を用いて連立方程式を解く関数を作成し、得られた解がたしかに解となっていることを確かめよ。

A 解答

実は、ヤコビ法のコードを少しだけ変えるだけでガウス・ザイデル法のコードになります。ガウス・ザイデル法の式はヤコビ法の式よりも一見複雑に見えますが、そうではありません。というのは、更新済みの $x_k^{(i+1)}$（$k<j$）を $k>j$ の $x_k^{(i+1)}$ の更新に使うだけだからです。つまり、ヤコビ法のコードの16行目を、

```
016  x_temp[j] -= A[j,k]*x_temp[k]
```

に置き換えればOKです。収束を止める条件を同じに設定したときに必要なループ回数が半分ほどになっていることを確認してみてください。

理論的背景

式(2)を

$$x_j^{(i+1)} = \frac{1}{A_{jj}} \left[-\sum_{k=1,k<j}^{N} A_{jk} x_k^{(i+1)} - \sum_{k=1,k>j}^{N} A_{jk} x_k^{(i)} + b_j \right]$$

のように書き換えると、括弧内の第一項目は行列 A のうち $k < j$ となる下三角行列、第二項目は $k > j$ となる上三角行列となっていることがわかります。すなわち、

$$x^{(i+1)} = D^{-1}(-Lx^{(i+1)} - Ux^{(i)}) + D^{-1}b$$

となっていることがわかります。これを整理すると、

$$\begin{aligned} (D+L)\vec{x}^{(i+1)} &= -U\vec{x}^{(i)} + \vec{b} \\ \vec{x}^{(i+1)} &= -(D+L)^{-1}U\vec{x}^{(i)} + (D+L)^{-1}\vec{b} \end{aligned} \tag{3}$$

となります。そのため、ヤコビ法と同様に考えると、$M = -(D+L)^{-1}U$ として、この行列の固有値の絶対値が1以下であれば収束することになります。また、ヤコビ法と同様に、ガウス・ザイデル法も「対角優位」な行列であれば収束することが知られています。

Q 例題 1.3 追加課題

例題の解答のコードを修正し、一時配列x_tempを使わずにxのみを使うコードに書き換えよ。

追加課題 解答

```
001 function hanpuku_GaussSeidel(A,b;eps = 1e-7,printx=true)
002     n,m = size(A)
003     @assert n==m "正方行列である必要があります。$n x $m 行列です。"
004     x = zeros(Float64,n) #解の候補のベクトル。ここでは実数を仮定。
005     imax = 1000 #繰り返し代入の最大の数
006     converged = false
007     for i =1:imax
008         err = 0.0 #誤差
009         for j=1:n
010             xjold = x[j] #誤差の評価のため前の値を保持しておく
011             x[j] = b[j] #まずbの値を足しておく
012             for k=1:n
013                 if k==j
014                     continue #対角の場合は計算しないのでスキップ
015                 end
016                 x[j] -= A[j,k]*x[k]
017             end
018             x[j] /= A[j,j] #対角要素で割る
019             err += abs(xjold-x[j]) #j番目の要素の誤差を足す
020         end
021         if err < eps
022             converged = true
023             break
024         end
025         if printx
026             println("$i ",x)
027         end
028     end
029     if  converged
030         println("収束しました")
031     else
032         println("収束しませんでした")
033     end
034     return x
035 end
```

このコードを使うと、長さ N の配列一つ分のメモリを節約することができます。この関数を`01.jl`に追加しておきましょう。

1-3 ガウスの消去法

上で述べたヤコビ法とガウス・ザイデル法は反復法と呼ばれ、計算を繰り返すことによって徐々に解に近づいていきます。ここでは、反復法とは異なる解法である「ガウスの消去法」について学ぶことにします。 ガウスの消去法は、中学数学で行う連立方程式を手で解くやり方と非常に似ています。つまり、係数を揃えて徐々に変数を消していく方法です。

冒頭に出てきた連立方程式について考えます。

1番目の式 $9x+2y+z+3t=20$ を定数倍して、2,3,4番目の式から x を消去することを考えます。具体的には、1番目の式を、2番目の式に対しては $2/9$ 倍、3番目の式に対しては $-1/9$ 倍、4番目の式に対しては $1/9$ 倍してそれぞれの式から引きます。つまり、

$$
\begin{aligned}
9x+2y+z+3t&=20\\
\left(9-2\frac{2}{9}\right)y+\left(-2-\frac{2}{9}\right)z+\left(1-3\frac{2}{9}\right)t&=16-20\frac{2}{9}\\
\left(-2+2\frac{1}{9}\right)y+\left(8+\frac{1}{9}\right)z+\left(-2+3\frac{1}{9}\right)t&=8+20\frac{1}{9}\\
\left(-2-2\frac{1}{9}\right)y+\left(-3-\frac{1}{9}\right)z+\left(4-3\frac{1}{9}\right)t&=17-20\frac{1}{9}
\end{aligned}
$$

です。2番目から4番目の式には x が無くなっているため、3本の式だけに着目すると、 y,z,t という3つの変数に対して式が3本という連立方程式となっていることがわかります。この3本からなる連立方程式に対しても同様のことを行うことができるため、2番目の式を定数倍して、3,4番目の式から y を消去することができます。これを繰り返すと、

$$
\begin{aligned}
a_{11}x+a_{12}y+a_{13}z+a_{14}t&=b_1\\
a_{22}y+a_{23}z+a_{24}t&=\tilde{b}_2\\
a_{33}z+a_{34}t&=\tilde{b}_3\\
a_{44}t&=\tilde{b}_4
\end{aligned}
$$

というような形になります。ここで a_{ij} と $\tilde{b}$ は上の操作を繰り返して得られた係数です。4番目の式は変数が t だけの方程式なので、$t = \tilde{b}_4/a_{44}$ と直ちに t が求まります。

次に、この t を3番目の式に代入すれば $z = (\tilde{b}_3 - a_{34}t)/a_{33}$ と z が求まります。これを繰り返せば、y も x も求まるため、連立方程式の解が得られたことになります。これがガウスの消去法です。

このガウスの消去法を N 本の連立方程式に適用することを考えます。まず、i 番目の変数 x_i を消去するためには、i 番目の方程式の定数倍を差し引きする必要があります。この i 番目の方程式は、

$$A_{i1}x_1 + \cdots + A_{ii}x_i + \cdots + A_{iN}x_N = \tilde{b}_i$$

という形をしています。このとき、変数 x_i を消去したい k 番目の方程式は、

$$A_{k1}x_1 + \cdots + A_{ki}x_i + \cdots + A_{kN}x_N = \tilde{b}_k$$

となっています。変数 x_i をこの k 番目の方程式から消去したい場合には、A_{ki}/A_{ii} を i 番目の方程式にかけて、引けばよいことがわかります。つまり、k 番目の方程式は、

$$\sum_{j=1, j\neq i} \left[A_{kj} - A_{ij}\frac{A_{ki}}{A_{ii}} \right] x_j = \tilde{b}_k - \tilde{b}_i \frac{A_{ki}}{A_{ii}}$$

という形になります。

これを行列の形で書くと、行列 A の k, j 成分 A_{kj} は k 番目の方程式の j 番目の変数の係数ですが、これが、

$$A_{kj} \to A_{kj} - \frac{A_{ki}}{A_{ii}} A_{ij}$$

と置き換わり、$\tilde{b}$ が、

$$\tilde{b}_k \to \tilde{b}_k - \frac{A_{ki}}{A_{ii}} \tilde{b}_i$$

と置き換わったことになります。ガウスの消去法の全体をコーディングする前に、この i 番目の変数を消去するコードを書いてみましょう。

例題 1.4

NxN行列Aとベクトルbを入力として、i番目の変数を消去して得られる行列A'と修正されたベクトルb'を出力するコードを作成し、得られた行列A'のi行以外の行のi列目が0になっていることを確認せよ。引数はAとbとiとせよ。

解答

数式そのままに実装してみると、以下のような関数となります。

```
001 function syokyo(A,b,i)
002     n,m = size(A)
003     @assert n==m "正方行列である必要があります。$n x $m 行列です。"
004     Ap = zeros(Float64,n,n)
005     bp = zeros(Float64,n)
006 
007     for k=1:n
008         a = A[k,i]/A[i,i]
009         for j=1:n
010             if k==i #i番目の方程式からは引かない
011                 Ap[k,j] = A[k,j]
012             else
013                 Ap[k,j] = A[k,j] - A[i,j]*a
014             end
015         end
016         bp[k] = b[k] - b[i]*a
017     end
018     return Ap,bp
019 end
```

これを01.jlに追記してください。また、export syokyoを最後につけておきます。そして、01test.jlには新しい関数test01_syokyo():

```
001 function test01_syokyo()
002     i = 1
003     Ap,bp = syokyo(A,b,i)
004     display(Ap)
005     println("\t")
006
007     i = 2
008     Ap,bp = syokyo(A,b,i)
009     display(Ap)
010     println("\t")
011 end
012 test01_syokyo()
```

をつけておきます（以前のtest01()はコメントアウトしても構いません）。この出力結果は、

```
4×4 Matrix{Float64}:
 4.0   1.0    2.0   3.0
 0.0   8.5   -3.0  -0.5
 0.0  -1.75   8.5  -1.25
 0.0  -2.25  -3.5   3.25
4×4 Matrix{Float64}:
  3.77778   0.0   2.22222   2.88889
  2.0       9.0  -2.0       1.0
 -0.555556  0.0   7.55556  -1.77778
  1.44444   0.0  -3.44444   4.22222
```

となります。実はこのコードはもう少し高速化することができます。

4×4 行列のような小さな場合にはほとんど変化はありませんが、1000×1000 行列のように大きくなってくると顕著に速度差が現れます。

Q 例題 1.4 追加課題

例題の解答のコードを修正し、より高速なコードに変更せよ。また、速度差を比較せよ。

A 解答

高速なコードの名前をsyokyo_fastとします。速度差を比較するコードは

```
001 function test01_syokyo_fast()
002     N = 1000
003     A = rand(N,N)
004     b = rand(N)
005 
006     i = 1
007     Ap1,bp1 = syokyo(A,b,i)
008     Ap2,bp2 = syokyo_fast(A,b,i)
009     println(sum(Ap1 .- Ap2))
010 
011     i = 2
012     @time Ap1,bp1 = syokyo(A,b,i)
013     @time Ap2,bp2 = syokyo_fast(A,b,i)
014     println(sum(Ap1 .- Ap2))
015     i = 3
016     @time Ap1,bp1 = syokyo(A,b,i)
017     @time Ap2,bp2 = syokyo_fast(A,b,i)
018     println(sum(Ap1 .- Ap2))
019 end
020 test01_syokyo_fast()
```

とします。ここでは 1000×1000 の行列を作成し、その関数の計算時間を@timeというマクロで測定しています。この関数はtest01.jlに追加しておきます。test01_syokyo_fastでは、println(sum(Ap1 .- Ap2))で、元の関数と今作った関数の出力が同じになっているかを比較しています。syokyo_fastは

```
001 function syokyo_fast(A,b,i)
002     n,m = size(A)
003     @assert n==m "正方行列である必要があります。$n x $m 行列です。"
004     Ap = zeros(Float64,n,n)
005     bp = zeros(Float64,n)
006     Ap .= A
007     bp .= b
008 
009     @inbounds for k=1:n
010         a = A[k,i]/A[i,i]
011         bp[k] -= b[i]*a
012         if k != i
013             for j=1:n
014                 Ap[k,j] -= A[i,j]*a
015             end
016         end
017     end
018     return Ap,bp
019 end
```

として、01.jlに追加しておきます。ここで、@inboundsというマクロを使っていますが、これは配列を扱う際にfor文の前につけておくと、速度が上がります。通常、Juliaでは、配列の中身を取り出す際A[i]などとしますが、引数iがちゃんと配列のインデックスの最小と最大の中に収まっているかをチェックしています。しかし、@inboundsをつけると、そのチェックをしなくなります。チェックをしないのでその分早くなります。通常は、ちゃんと計算が回っているかを確認した後、@inboundsをつけることが多いです。test01_syokyo_fastを実行した結果、出力は

```
0.0
  0.019362 seconds (3 allocations: 7.637 MiB, 35.47% gc time)
  0.009733 seconds (3 allocations: 7.637 MiB)
0.0
  0.012740 seconds (3 allocations: 7.637 MiB)
  0.010162 seconds (3 allocations: 7.637 MiB)
0.0
```

となります。劇的な高速化を達成しているわけではありませんが、速くなっているのはわかると思います。なお、行列のサイズが大きくなるほど差が開いていきます。

さて、ガウスの消去法を実行するためには、すべての変数を順番に消去していく必要があります。つまり、N 行の連立方程式であれば $N-1$ 回の消去作業が必要です。すべての変数を消去すると、4成分の連立方程式の時と同様に行列は上三角行列になります。この件を踏まえて、以下のコードを作成してみましょう。

Q 例題 1.5

$N \times N$ 行列Aとベクトルbを入力として、変数を消去することにより行列Aを上三角行列に変形せよ。また、bも同様に変形せよ。入力はAとbとし、Aとbは計算後に変形されたものに変わっているものとする。

A 解答

例題4.1のiを1から順番に行なっていけばいいため、

```
001 function gauss!(A,b)
002     n,m = size(A)
003     @assert n==m "正方行列である必要があります。$n x $m 行列です。"
004     for i=1:n #i番目の方程式
005         for k=(i+1):n #iよりも下にある方程式。i番目の方程式を使って消す
006             a = A[k,i]/A[i,i] #k番目の方程式のi個目の変数を消すため。
007             for j=i:n
008                 A[k,j] -=  A[i,j]*a #j=iの時、係数を消してくれている
009             end
010             b[k] -=  b[i]*a
011         end
012     end
013 end
```

となります。ここで、順番に消去する場合は i 番目の次の方程式の係数を消せばいいということで、k=(i+1):nとなっています。この関数を01.jlに記入し、01test.jlには

```
001 function test01_gauss()
002     n,m = size(A)
003     At = zeros(n,m)
004     At .= A
005     bt = zeros(m)
006     bt .= b
007     gauss!(At,bt)
008     display(At)
009     println("\t")
010     display(bt)
011 end
012 test01_gauss()
```

を定義しておきます。ここで、At = zeros(n,m)とAt .= Aのように新しい行列Atを定義している理由ですが、gauss!(At,bt)の中ではAtやbtの中身を変更していますが、Aはもともと整数の行列と定義していたため、そこに実数を入れようとするとエラーが出るからです。At = zeros(n,m)では、Atを倍精度実数の行列と定義しているため、gauss!(At,bt)を実行しても問題ありません。

testを実行すると、Aとbはそれぞれ

```
4×4 Matrix{Float64}:
 4.0  1.0   2.0       3.0
 0.0  8.5  -3.0      -0.5
 0.0  0.0   7.88235  -1.35294
 0.0  0.0   0.0       2.3806
4-element Vector{Float64}:
 20.0
  6.0
 14.235294117647058
 21.34328358208955
```

となります。ちゃんと上三角行列になっていますね。

ここで、関数の名前がgauss!となっており、エクスクラメーションマーク!がついていることに注意してください。この!は付けなくても構いません。Juliaでは、入力した引数が関数の内部で変更される場合、慣例として!をつけることにしています。Juliaの標準的な関数を見ると、どれも基本的にはこのルールに従っていて、引数として入れた配列が変更されたかどうかがわかります。今回は、Aとbは関数gauss!を呼び出すことで変更されています。

上三角行列になってしまえば、あとは一番下の方程式から順番に答えを求めていけばいいです。得られた上三角行列を $\tilde{A}$ 、変形された右辺ベクトルを $\tilde{b}$ とすると、 N 番目の方程式から、

$$x_N = \tilde{b}_N / \tilde{A}_{NN}$$

と直ちに求まります。 $N-1$ 番目は2項しかないため、

$$\tilde{A}_{N-1N-1} x_{N-1} + \tilde{A}_{N-1N} x_N = \tilde{b}_{N-1}$$

より、

$$x_{N-1} = (\tilde{b}_{N-1} - \tilde{A}_{N-1N} x_N) / \tilde{A}_{N-1N-1}$$

となりますね。あとはこれを繰り返していけばいいので、解ベクトルの i 成分は、

$$x_i = \left(\tilde{b}_i - \sum_{j=i+1}^{N} \tilde{A}_{ij} x_j \right) / \tilde{A}_{ii}$$

となります。これをコーディングしましょう。

Q 例題 1.6

例題 1.5のコードを改良し、解ベクトルが出力されるように変更せよ。

gauss!の後半に

```
001 x = zeros(Float64,n)
002 x[n] = b[n]/A[n,n]
003 for i=(n-1):-1:1
004     a = b[i]
005     for j=(i+1):n
006         a -= A[i,j]*x[j]
007     end
008     x[i] = a/A[i,i]
009 end
010 return x
```

を挿入すればOKです。01test.jlにテスト用のコードを書いておいてもいいでしょう。

1-4 LU分解

上で述べてきたガウスの消去法は、$\tilde{A}$ を使って A や $\vec{b}$ を書き換えていました。その際、$\tilde{A}$ は右辺ベクトル $\vec{b}$ には依存していませんでした。つまり、この $\tilde{A}$ をうまく扱えば、異なる右辺ベクトルの解を効率的に求めることができます。

まず、ガウスの消去法を行列の操作として考えてみましょう。ガウスの消去法の過程において、i 番目の方程式の値を使って、$k(>i)$ 番目の要素を変形しています。つまり、得られている行列 $\tilde{A}_{kj}$ から新しい行列要素 $\tilde{A}'_{kj}$ を作るには、

$$
\tilde{A}'_{kj} = \tilde{A}_{kj} - \frac{\tilde{A}_{ki}}{\tilde{A}_{ii}} A_{ij}
$$

とするわけですが、ここで、

$$
[L^{k,i}]_{nm} = \delta_{nm} - \frac{\tilde{A}_{ki}}{\tilde{A}_{ii}} \delta_{nk} \delta_{mi}
$$

という行列を用意すると、k 番目の連立方程式から変数を消去する操作は、

$$\tilde{A}' = L^{k,i}\tilde{A}$$

とまとめて書くことができます。この行列 $L^{k,i}(A)$ は、

$$L^{k,i}(A) = \begin{pmatrix} 1 & & & & \\ & 1 & & & \\ & & 1 & & \\ & & -\frac{A_{ki}}{A_{ii}} & 1 & \\ & & & & 1 \end{pmatrix}$$

のような下三角行列になっています。

同様に、右辺ベクトル $\vec{\tilde{b}}$ は、

$$\vec{\tilde{b}}' = L^{k,i}\vec{\tilde{b}}$$

となっています。

i 番目の方程式を使った差し引きは $k(> i)$ のすべての方程式に対して行えるため、

$$\tilde{A}^{(i)} = L^{N,i}(A)\cdots L^{i+2,i}(A)L^{i+1,i}(A)A \equiv L^{(i)}A$$

と繰り返して作用させると、連立方程式から i 番目の変数を消去できるわけです。

これを $i = 1$ から N まで繰り返すと、ガウスの消去法が実行されます。

さて、実は下三角行列を何度もかけてできた行列 $L^{(i)}$ も実は下三角行列です。気になる方は試しに二つの $L^{k,i}$ をJuliaで作り掛け算してみてください。そして、 i 番目の作業を終えてから $i+1$ 番目の作業を行う操作は

$$\tilde{A}^{(i+1)} = L^{(i)}(\tilde{A}^{(i)})\tilde{A}^{(i)}$$

と書けますが、 $i = 1$ から順番に N までかけた操作を

$$\tilde{A} = L'(A)A$$

とすると、この行列 L' も下三角行列になっています。そして、 $L = L'^{-1}$ も下三角行列です。

$\tilde{A}$ は上三角行列であったことを思い出せば、

$$A = LU$$

という形に変形できたことになります。下三角行列 L と上三角行列 U の二つの積でかけているため、これをLU分解と呼びます。

行列 A がLU分解されている場合は、連立方程式は簡単に解くことができます。なぜなら、

$$LU\vec{x} = \vec{b}$$

という方程式は下三角行列の連立方程式

$$L\vec{y} = \vec{b}$$

を解いた後、上三角行列の連立方程式

$$U\vec{x} = \vec{y}$$

を解けばいいためです。ガウスの消去法の説明で述べたように、三角行列の連立方程式は簡単に解けます。つまり、 L と U がわかっていれば、さまざまな右辺ベクトルに対して高速に解を得ることができるのです。

具体的にコードを書く場合は、これまでのガウスの消去法で右辺ベクトルbを計算するために使っていた $\tilde{A}_{ki}/\tilde{A}_{ii}$ を保存する必要があります。ガウスの消去法では上三角行列が作成されるため、余った下三角部分にこの値を代入すれば、LU分解の情報を一つの行列で表すことができます。

Q 例題 1.7

例題 1.5のコードを改良し、LU分解するコードと、解を得るコードの二つを作成せよ。LU分解するコードではLU分解の情報は入力の行列に上書きせよ。

A 解答

基本的にはガウスの消去法とほとんど同じコードです。ただし、LU分解をする際には右辺ベクトルは必要なく、その代わりに行列の左下に右辺ベクトルを計算するための値を格納しておきます。

```
001 function LU!(A)
002     n,m = size(A)
003     @assert n==m "正方行列である必要があります。$n x $m 行列です。"
```

```
004     for i=1:n
005         for k=(i+1):n
006             a = A[k,i]/A[i,i]
007             for j=i:n
008                 A[k,j] -=  A[i,j]*a
009             end
010             A[k,i] = a #bを計算する代わりに格納する
011         end
012     end
013 end
```

この関数を実行すると、行列Aに LU 分解の情報が格納されます。そして、

```
001 function solve_withLU!(A,b)
002     n,m = size(A)
003     x = zeros(Float64,n)
004     @assert n==m "正方行列である必要があります。$n x $m 行列です。"
005     for i=1:n
006         for k=(i+1):n
007             a = A[k,i]
008             b[k] -=  b[i]*a
009         end
010     end
011     x[n] = b[n]/A[n,n]
012     for i=(n-1):-1:1
013         a = b[i]
014         for j=(i+1):n
015             a -= A[i,j]*x[j]
016         end
017         x[i] = a/A[i,i]
018     end
019     return x
020 end
```

のように、右辺ベクトルbが入力された先程の情報を使ってbを変更すれば、解を計算することができます。

この二つの関数をテストするには、01test.jlに

```
001 function test01_LU()
002     n,m = size(A)
003     At = zeros(n,m)
004     At .= A
005     LU!(At)
006     bt = zeros(m)
007     bt .= b
008     x = solve_withLU!(At,bt)
009     println("残差ノルム：",norm(A*x-b))
010 end
011 test01_LU()
```

を追加してください。

1-5 共役勾配法

ここまで、連立方程式をさまざまな方法で解いてきました。この節では、行列のサイズが非常に大きい時に有効な手法である共役勾配法（Conjugate Gradient法、CG法）について述べることとします。この方法は行列 A が実対称行列：

$$A^T = A$$

のときに使える方法です。

共役勾配法は反復法の一種で、何度も同じようなことを繰り返すうちに次第に解ベクトルが得られるような手法です。勾配法と呼ぶからには何らかの勾配（微分）を使って計算する方法であることは予想がつくでしょう。

さて、連立方程式の解ベクトル x がわかっているときは、

$$A\vec{x} - \vec{b} = 0$$

という方程式が満たされています。当たり前ですが、解ベクトルではないベクトル $\vec{x}_k$ を $\vec{x}$ に代入した場合には方程式は満たされません（ $A\vec{x}_k - b \neq 0$ ）。何らかの繰り返し計算をして、 $\vec{x}_k$ が解ベクトルに近づくようにしたいとします。上の式はベクトルなので、スカラー（数字）の量で「解への近さ」がわかった方が便利そうです。そこで、

$$f(\vec{x}) = \frac{1}{2}(\vec{x}, A\vec{x}) - (\vec{b}, \vec{x})$$

という量を考えてみましょう。ここで $(\vec{a}, \vec{b})$ はベクトル $\vec{a}$ とベクトル $\vec{b}$ との内積です。この関数 $f(\vec{x})$ が最小になるような $\vec{x}$ は、 $\vec{x}$ 微分がゼロになるとき:

$$f'(\vec{x}) = A\vec{x} - \vec{b} = 0$$

で、解きたい連立方程式の解ベクトルが満たす条件に等しいです。つまり、 $f(\vec{x})$ が最小となる $\vec{x}$ を求める問題と連立方程式 $A\vec{x} = \vec{b}$ を満たす解 $\vec{x}$ を求める問題は等価です。

$f(\vec{x})$ が最小となるような $\vec{x}$ を求めるために、逐次的に解ベクトル候補を改良していくことにします。 k 番目の解の候補ベクトルを $\vec{x}_k$ とすると、

$$\vec{x}_{k+1} = \vec{x}_k + \alpha_k \vec{p}_k$$

のように、 k 番目のベクトル $\vec{x}_k$ にベクトル $\vec{p}_k$ （修正ベクトルとも呼ばれます）を足すこととで $f(\vec{x})$ が最小となる $\vec{x}$ に近づくこととします。ここでまだ決めていない量は α_k と $\vec{p}_k$ ですが、 α_k は $\vec{p}_k$ が決まれば、決めることができます。つまり、 $\vec{x}_k$ と $\vec{p}_k$ が与えられたとき、関数 $f(\vec{x}_k + \alpha_k \vec{p}_k)$ が最小となるような α_k を求めます。これは、関数 f を α_k で微分してゼロになるような α_k を求めればいいので、

$$\alpha_k = \frac{(\vec{p}_k, \vec{r}_k)}{(\vec{p}_k, A\vec{p}_k)}$$

となります。ここで残差ベクトル $\vec{r}_k \equiv \vec{b} - A\vec{x}_k$ を定義しました。また、導出には $A^T = A$ を使っています。残差ベクトルがゼロになったときに解ベクトルが得られているわけですから、残差ベクトルのノルム $|\vec{r}_k|$ がある値より小さくなったときに繰り返しをやめるようにしましょう。

さて、修正ベクトル $\vec{p}_k$ はどのように決めればいいでしょうか。一番素朴な方法としては、勾配の逆方向 $-f'(\vec{x})$ を使う方法があります。つまり、

$$\vec{x}_{k+1} = \vec{x}_k - \alpha_k f'(\vec{x}_k) = \vec{x}_k + \alpha_k \vec{r}_k$$

です。この方法を最急降下法（Gradient descent）と呼びます。

Q 例題 1.8

引数を行列A、ベクトルb、解の初期候補ベクトルx、終了条件の値をepsとして、最急降下法を実装せよ。解ベクトルはベクトルxに上書きして出力することとする。

A 解答

while文を使うことで、設定した値以下になるまで繰り返すことができます。ベクトルのノルムはnorm、内積はdotで計算できます。これらの関数を使うときには、あらかじめusing LinearAlgegraをしておいてください。パッケージを入れるにはREPLで]キーを押してからadd LinearAlgegraです。

```
001 using LinearAlgebra
002 function gradient_descent!(A,b,x,eps)
003     p = b- A*x
004     rnorm = norm(p)
005     count = 0
006     while rnorm > eps
007         count += 1
008         p = b - A*x
009         rnorm = norm(p)
010         Ap = A*p
011         α = dot(p,p)/dot(Ap,p)
012         x .+= α*p
013         println("$count $rnorm")
014     end
015 end
```

という関数となります。これを試すには、

```
001 using Random
002 function test01_gradient_descent()
003     N = 20
004     Random.seed!(113)
005     A = rand(N,N)
006     A = A'*A #これでA'=Aとなる。
007     b = rand(N)
008     x = rand(N)
009     eps = 1e-10
010     gradient_descent!(A,b,x,eps)
011     println("残差ノルム：",norm(A*x-b))r
012 end
013 test01_gradient_descent()
```

としてください。ここで、乱数のシードを固定するためにRandomパッケージを導入しています。activate .の後にadd Randomとしてパッケージをインストールしてください。なお、実行してみるとわかりますが、収束するまでにかなりの繰り返しが必要です。

最急降下法では、あるベクトル $\vec{x}_k$ が与えられたとき、その場所での $f(\vec{x}_k)$ の勾配 $\vec{r}_k$ を求めて次のベクトル $\vec{x}_{k+1}$ を決めています。言い換えれば、$\vec{x}_{k+1}$ を決めるのに $\vec{x}_{k-1}$ や $\vec{x}_{k-2}$ などのこれまで使ってきた情報は全く使っていません。そのため、この方法を改良するには、さらにもう一つ前の情報をうまいこと使ってやればよい、ということになります。理論の詳細を省き結論のみを述べますが、k 番目の修正ベクトル $\vec{p}_k$ は一つ前の修正ベクトル $\vec{p}_{k-1}$ と残差ベクトル $\vec{r}_k$ を使って

$$\vec{p}_k = \vec{r}_k + \beta_{k-1}\vec{p}_{k-1}$$

とすればいいです。ここで、β_{k-1} は $(\vec{p}_k, A\vec{p}_{k-1}) = 0$ となるように選び、

$$\beta_{k-1} = -\frac{(\vec{r}_k, A\vec{p}_{k-1})}{(\vec{p}_{k-1}, A\vec{p}_{k-1})}$$

とします。最急降下法では勾配方向 $\vec{r}_k$ に向かう形でしたが、共役勾配法では勾配方向に以前の修正ベクトルの方向を足しています。そして、この修正ベクトル $\vec{p}_k$ は一つ前の修正ベクトル $\vec{p}_{k-1}$ と $(\vec{p}_k, A\vec{p}_{k-1}) = 0$ となるように選ばれており、$\vec{p}_{k-1}$ となるべく異なる方向が選ばれています。

例題 1.9

例題 1.8のコードを修正し、共役勾配法を実装せよ。なお、引数を行列A、ベクトルb、解の初期候補ベクトルx、終了条件の値をepsとする。解ベクトルはベクトルxに上書きして出力することとする。

解答

最急降下法とよく似たコードになります。例えば、

```
001 function conjugate_gradient!(A,b,x,eps)
002     r = deepcopy(b)
003     mul!(r, A, x, -1, 1) #r = -1*A*x + 1*r -> b-A*x
004     p = deepcopy(r)
005     Ap = zero(x)
006 
007     rnorm = norm(r)
008     count = 0
009     while rnorm > eps
010         count += 1
011         mul!(Ap,A,p) #Ap = A*p
012         pAp = dot(p,Ap)
013         α = dot(p,r)/pAp
014         axpy!(α,p,x) #x = x + α*p
015         axpy!(-α,Ap,r) #r = r - α*Ap
016 
017         rnorm = norm(r)
018         β = -dot(r,Ap)/pAp
019 
020         axpby!(1,r,β,p) #p = 1*r + β*p
021     end
022     println("$count $rnorm")
023 end
```

となります。`01test.jl`には`test01_gradient_descent()`と同様な関数`test01_conjugate_gradient()`を作成し、テストしてみてください。

このコードでは、

- mul!(y,A,x): $\vec{y} = A\vec{x}$
- mul!(y,A,x,α,β): $\vec{y} = \alpha A\vec{x} + \beta\vec{y}$
- dot(p,r): $(\vec{p}, \vec{r})$
- axpy!(α,p,x): $\vec{x} = \vec{x} + \alpha\vec{p}$
- axpby!(α,r,β,p): $\vec{p} = \alpha\vec{r} + \beta\vec{p}$

という関数を使いました。例えば、行列とベクトルの積を計算する関数mul!(Ap,A,p)は、あらかじめApというベクトルが定義されているときに使える関数で、Apを何度も定義する必要がない分メモリーアロケーションが減り、高速になります。また、これまで、行列はMatrix型、ベクトルはVector型であるとしてきましたが、上述のように書くと自分で定義したstructに対してもCG法が使えるようになります。つまり、多重ディスパッチによって上の5つの関数が定義されている型同士の演算であれば、CG法が使えます。例えば、$\vec{y} = A\vec{x}$ という計算は、線形演算子 A によって、$\vec{x}$ が $\vec{y}$ に変化したとみなしてもよく、この場合、A を行列で持つ必要はありません。あるいは、行列 A 全体を作るのは大変でも行列 A とあるベクトルの積だけは簡単に計算できるようなケースであれば、mul!(Ap,A,p)は定義可能です。

Q 例題 1.9 追加課題1

適当に定義した構造体に上記の演算を定義し、共役勾配法で計算できることを示せ。

A 解答

対角行列を扱う独自の構造体

```
struct MyMatrix{T} <: AbstractMatrix{T}
    data::Vector{T}
end
```

を定義してみます。この行列は、行列の対角要素をdataという一次元配列として保持しています。ここで<: AbstractMatrix{T}は、このstructMyMatrix{T}がAbstractMatrix{T}という型の一部であることを意味しています。つまり、抽象的な行列であ

る、と言っています。さて、この構造体はこのままでは何もできませんので、行列にふさわしくいくつかの演算を定義します。

```
001 Base.size(a::MyMatrix) = (length(a.data),length(a.data))
002 function Base.getindex(A::MyMatrix, i,j)
003     if i==j
004         return A.data[i]
005     else
006         return zero(A.data[1])
007     end
008 end
```

ここでは、行列のサイズを返す関数Base.sizeと、行列の要素を返す関数Base.getindexを多重ディスパッチで実装しました。このBaseというものは基本パッケージでして、よく使われる基本的な関数が入っています。上では、この関数の引数にMyMatrixが入ってきた時にどのようにすべきかを実装しました。なお、この独自型は対角行列ですので、非対角要素はゼロということにしています。次に、この行列をかけるための関数を

```
001 function LinearAlgebra.mul!(y::AbstractVector,A::MyMatrix,x::AbstractVector)
002     for i=1:length(y)
003         y[i]= A.data[i]*x[i]
004     end
005     return y
006 end
007 function LinearAlgebra.mul!(y::AbstractVector,A::MyMatrix,x::AbstractVector,
    α::Number,β::Number)
008     for i=1:length(y)
009         y[i]=α*A.data[i]*x[i]+β*y[i]
010     end
011     return y
012 end
```

と定義します。これでこの独自型の行列に対して共役勾配法を実行できます。試すには、

```
001 function test01_conjugate_gradient_diagonal()
002     N = 20
003     Random.seed!(113)
004     A = MyMatrix(rand(N))
005     b = rand(N)
006     x = rand(N)
007     eps = 1e-10
008     conjugate_gradient!(A,b,x,eps)
009     println("conjugate_gradient: 残差ノルム：",norm(A*x-b))
010 end
011 test01_conjugate_gradient_diagonal()
```

とします。

さて、例題1.9のコードを実行してみるとわかりますが、最急降下法と比べて桁違いに少ない回数で収束します。共役勾配法は、理論的には、行列のサイズより少ない回数で収束することが示されています。実際の計算においては、数値誤差の影響で収束が遅くなる場合がありますが、それでもかなり早く収束します。

共役勾配法は行列の要素がほとんどゼロな行列（疎行列）のときに非常に高速に計算することができます。なぜなら、行列とベクトルの積しか使っておらず、行列がスカスカであれば行列ベクトル積を高速に計算することができるからです。Juliaでは、SparseArraysパッケージを使うと疎行列を扱うことができます。例えば、疎行列の要素ゼロの行列はspzerosという関数で定義できて、通常の行列を扱う関数にspをつけるだけで通常の行列を扱うように扱うことができます。乱数の場合には、どのくらいスカスカかというパラメータを追加し、sprand(20,20,0.2)などとします。ここで、0.2という数字は非ゼロ要素の数の密度を表していて、0.2であれば全行列要素数の20パーセントが非ゼロということになります。

Q 例題 1.9 追加課題 2

Juliaのパッケージを用いて、上記の連立方程式を共役勾配法で解くコードを示せ

A 解答

共役勾配法で連立方程式を解けるパッケージはIterativeSolversやKrylovKit等、複数あります。例えば、IterativeSolversを使う場合には、これまでのコードの代わりに

```
001 r0 = A*x - b
002 rnorm = norm(r0)
003 cg!(x,A,b,reltol=eps/rnorm,maxiter=10000)
```

とします。ここではr0とrnormを計算していますがこれは上のコードと精度を合わせるために導入したもので、普通に解く分には必要ありません。reltol=eps/rnormは終了するための相対誤差の指定です。CG法のループは
$\max(|r_0|\mathrm{reltol}, \mathrm{abstol}) < \mathrm{eps}$ となった時に終了します。abstolは絶対誤差です。

1-6 作成した関数

本章で作成した関数とその機能についてまとめます。上から順番に定義していれば、これらはMyNumericsから呼び出せる関数となっているはずです。

- hanpuku_Jacobi(A,b;eps = 1e-7):ヤコビ法
- hanpuku_GaussSeidel(A,b;eps = 1e-7): ガウス・ザイデル法
- gauss!(A,b):ガウスの消去法
- LU!(A):LU分解
- solve_withLU!(A,b):LU分解済みの行列Aを入れることで連立方程式を解く
- gradient_descent!(A,b,x,eps):最急降下法
- conjugate_gradient!(A,b,x,eps):共役勾配法

CHAPTER 2 非線形方程式

1次方程式や2次方程式であれば解の公式を用いることで解を得ることができますが、5次以降の方程式は解の公式がありません。また、その他のさまざまな方程式の多くは解を手で書き下すことができません。そのような場合においても数値計算であれば方程式を満たす解を（ある精度の範囲内で）得ることができます。数値計算で解く場合には、方程式を近似的に満たす解（近似解）を求め、その近似解を徐々に解くべき方程式の解に近づけていくという方法がよく取られます。この章では、非線形方程式の数値解法として、逐次代入法、二分法、ニュートン法を扱います。

ある変数 x に対する方程式：

$$f(x) = 0$$

を解くことを考えます。ここでは、 x は実数とし、関数 f は実数を返すとします。例題として、 $0 \leq x \leq 3.14$ の区間内にある非線形方程式

$$\cos(x) - x = 0$$

の解 x を求めることとします。

2-1 パッケージによる方法

Q 例題 2.1

Juliaのパッケージを用いて、上記の非線形方程式を解き、解を表示せよ。

A 解答

Optim.jlという非線形方程式を解くパッケージを使います。`add Optim` でパッケージを導入し、

```
001 using Optim
002 function optim_test(f,a,b,x0)
003     g(x) = f(x[1])^2
004     result = optimize(g,[a],[b],[x0])
005     return Optim.minimizer(result)[1]
006 end
```

という関数を作っておきます。Optimは関数の引数がベクトルのときにその最小値を返しますので、与えた関数を２乗することでゼロを最小値に変えています。また、関数 $f(x)$ が１変数関数ということで、x[1]として値を取り出しています。この関数を用いて、

```
001 function test()
002     f(x) =  cos(x)-x
003     a = 0.0
004     b = pi
005     x0 = 0.1
006     x = optim_test(f,a,b,x0)
007     println(x)
008 end
009 test()
```

とすることで、$f(x) = x - \cos(x)$ を解くことができます。

2-2 逐次代入法

$f(x) = \cos(x) - x = 0$ という方程式を解くということは、$x = \cos(x)$ という方程式を解くことと等価です。この節では、方程式を

$$x = g(x)$$

と変形したときに使える手法である逐次代入法について述べます。ある値 x_0 を考えて、その x_0 を関数 g に代入しても、方程式 $x_0 = g(x_0)$ は満たしません。しかし、$x_1 = g(x_0)$ として新しい x_1 を用意すれば、x_0 よりも解に近いものが得られているかもしれません。これを繰り返し

$$x_1 = g(x_0)$$
$$x_2 = g(x_1)$$
$$\vdots$$

とすることで解に近づく方法を逐次代入法と呼びます。

例題 2.2

逐次代入法によるコードを作成し、例題1.と同じ方程式を解け。

解答

順番に代入していくだけなので、以下のようなコードになります。

```
001 function chikuji(f,x0;eps = 1e-10,maxiteration = 1000)
002     g(x) = f(x) + x
003     x = g(x0)
004     xold = x
005     for i=1:maxiteration
006         x = g(xold)
007         r = abs(x-xold)/abs(x)
008         if r < eps
009             println("converged. $i-th eps: $r")
010             return x
011         end
012         xold = x
013     end
014     error("not converged $(abs(x-xold)/abs(x) )")
015 end
```

このコードを02.jlに書き込んでおきましょう。endの後にexport chikujiを書くのも忘れないでください。02test.jlには

```
001 function test02_chikuji()
002     x0 = 0.1
003     f(x) = cos(x)-x
004     x = chikuji(f,x0)
005     println(x,"\t",f(x))
006 end
007 test02_chikuji()
```

を書いておくことでテストすることができます。

逐次代入法の解への収束の様子をグラフにしたものが次の図です。解は $y = x$ と $y = g(x)$ の交点に向かって回るように近づいていくことがわかります。一方、$g(x) = 6x^2 - 0.5$ という関数を考えると、次の図のように収束しません。逐次代入法は $|g'(x)| < 1$ となるときに収束することが知られています。

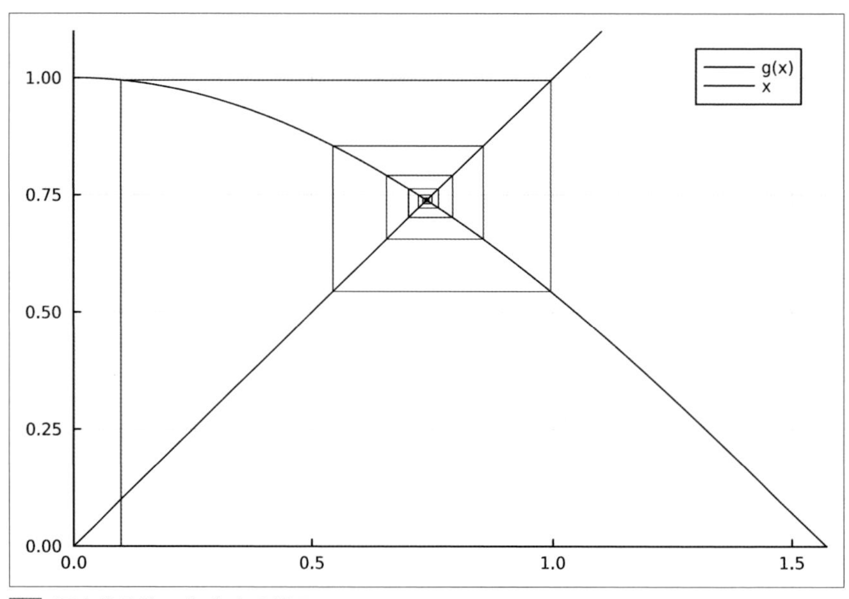

図 逐次代入法の収束する様子

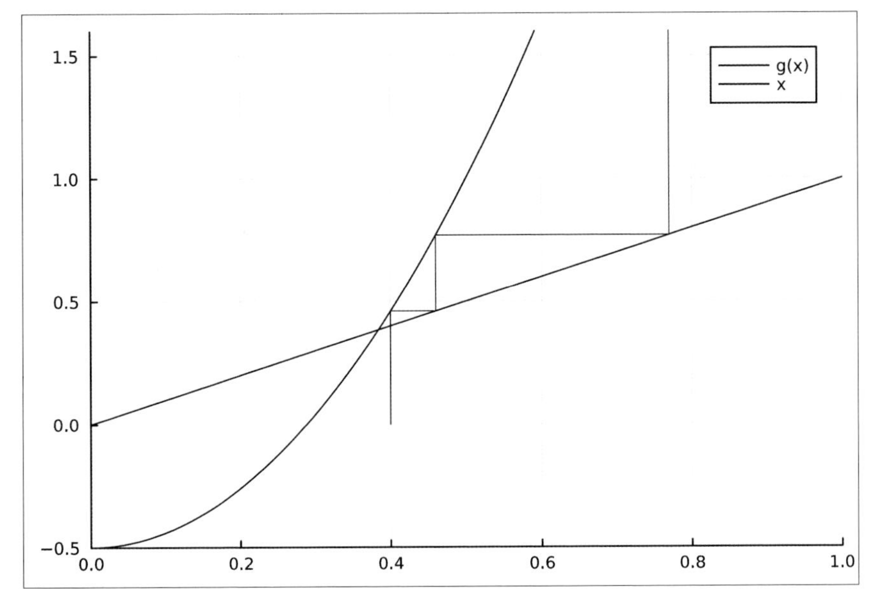

図 逐次代入法が収束しない様子

2-3 Steffensenの反復法

逐次代入法は少しずつ解に近づいていく方法ですが、この近づき方はさらに改良することができます。まず、2点 $(x_0, g(x_0))$ 、 $(x_1, g(x_1))$ が与えられているとします。この2点を通る直線は

$$y = \frac{g(x_1) - g(x_0)}{x_1 - x_0}(x - x_0) + g(x_0)$$

となります。この関数と $y = x$ との交点は

$$x = x_0 + \frac{x_0^2 - (x_1 + g(x_1)x_0 + g(x_0)x_1)}{x_1 - x_0 - g(x_1) + g(x_0)}$$

となります。ここで、

$$x_1 = g(x_0)$$
$$x_2 = g(x_1)$$

であれば、

$$x = x_0 - \frac{(x_0 - x_1)^2}{x_0 - 2x_1 + x_2}$$

となります。この点を3点目：

$$x_3 = x_0 - \frac{(x_0 - x_1)^2}{x_0 - 2x_1 + x_2}$$

とするのがSteffensenの反復法です。つまり、

$$\begin{aligned}
x_1 &= g(x_0) \\
x_2 &= g(x_1) \\
x_3 &= x_0 - \frac{(x_0 - x_1)^2}{x_0 - 2x_1 + x_2} \\
x_4 &= g(x_3) \\
x_5 &= g(x_4) \\
x_6 &= x_3 - \frac{(x_3 - x_4)^2}{x_3 - 2x_4 + x_5} \\
&\vdots
\end{aligned}$$

というような形で x_i を更新していきます。

Q 例題 2.3

Steffensenの反復法によるコードを作成し、例題1.と同じ方程式を解け。

A 解答

3番目を更新することになるため、逐次代入法のコードの偶数番目が終わった後に更新式を追加すればいいことになります。そのため、コードは以下のようなものになります。

```
001 function steffensen(f,x0;eps = 1e-10,maxiteration = 1000)
002     g(x) = f(x) + x
003     x = x0
004     xold = x0
005     xoldold = xold
006     for i=1:maxiteration
007         x = g(xold)
008         r = abs(x-xold)/abs(x)
009         if r < eps
010             println("converged. $i-th eps: $r")
011             return x
012         end
013         if i % 2 == 0
014             x = xoldold - (xoldold - xold)^2/(xoldold - 2*xold + x)
015         end
016         xoldold = xold
017         xold = x
018     end
019     error("not converged $(abs(x-xold)/abs(x) )")
020 end
```

Steffensenの反復法の解への収束の様子をグラフにしたものが次の図です。解は $y=x$ と $y=g(x)$ の交点に向かって急速に近づいていくことがわかります。逐次代入法で収束しなかった $g(x)=6x^2-0.5$ という関数においても、次の図のように収束します。

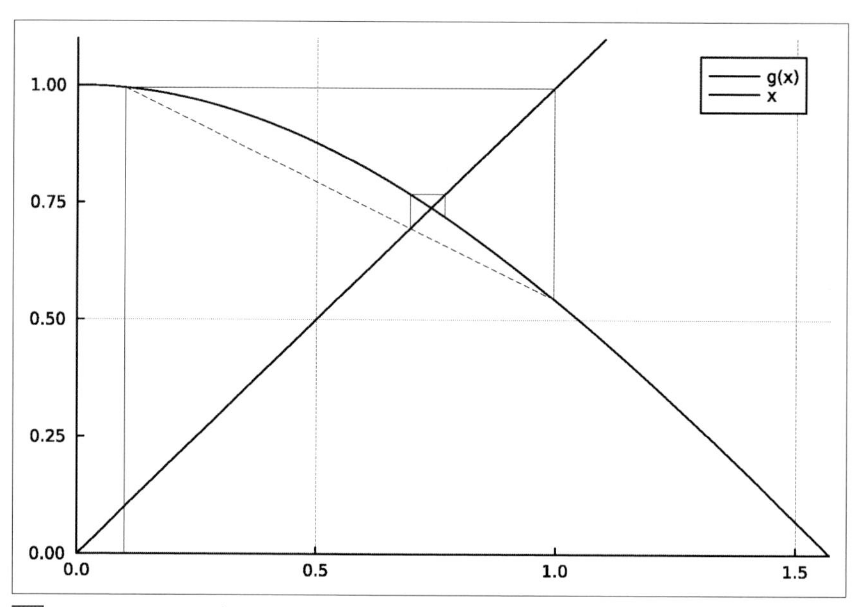

図 Steffensenの反復法の収束する様子

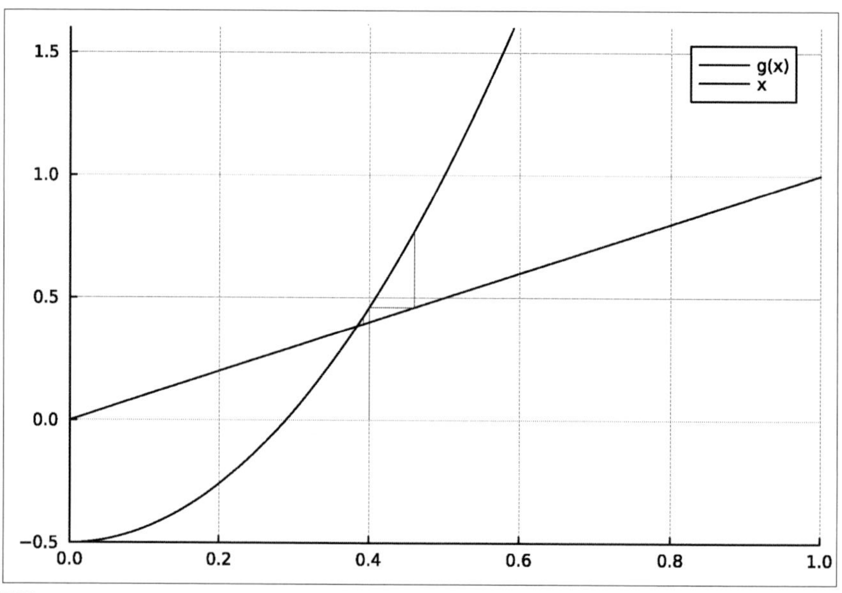

図 Steffensenの反復法の収束する様子

2-4 ニュートン法

ある変数 x に対する方程式 $f(x)=0$ を求める方法として、関数の微分を用いるニュートン法を紹介します。ある点 x_i での関数の値 $f(x_i)$ がわかっている時、点 x_i 周りで関数 $f(x)$ をテイラー展開すると、

$$f(x) = f(x_i) + f'(x_i)(x - x_i) + \cdots$$

となります。もし x_i が $f(x)=0$ を満たす解 x に近い値であれば、テイラー展開を1次までで打ち切り、

$$0 = f(x_i) + f'(x_i)(x - x_i)$$

となる x_{i+1}：

$$x_{i+1} = x_i - \frac{f(x_i)}{f'(x_i)}$$

を解の候補として選べば、 x_i よりもさらに解に近づきます。これをニュートン法と言います。

Q 例題 2.4

ニュートン法によるコードを作成し、例題1.と同じ方程式を解け。ただし、引数は関数とその微分、及び解候補の初期値とする。

A 解答

微分を利用して次々と値を更新していくだけですから、以下のようなコードになります。

```
001 function newton(f,df,x0;eps = 1e-10,maxiteration = 1000)
002     x = x0
003     for i=1:maxiteration
004         fx = f(x)
005         r = abs(fx)
006         if r < eps
007             println("converged. $i-th eps: $r")
008             return x
009         end
010         x -= fx/df(x)
011     end
012     error("not converged $(abs(x-xold)/abs(x) )")
013 end
```

ニュートン法の解への収束の様子を示したのが下の図です。今回は $y=0$ と $y=f(x)$ の交点が解です。テイラー展開の一次を使っているため、関数に接している一次関数とのx軸との交点が次の解の候補点になっていることがわかります。

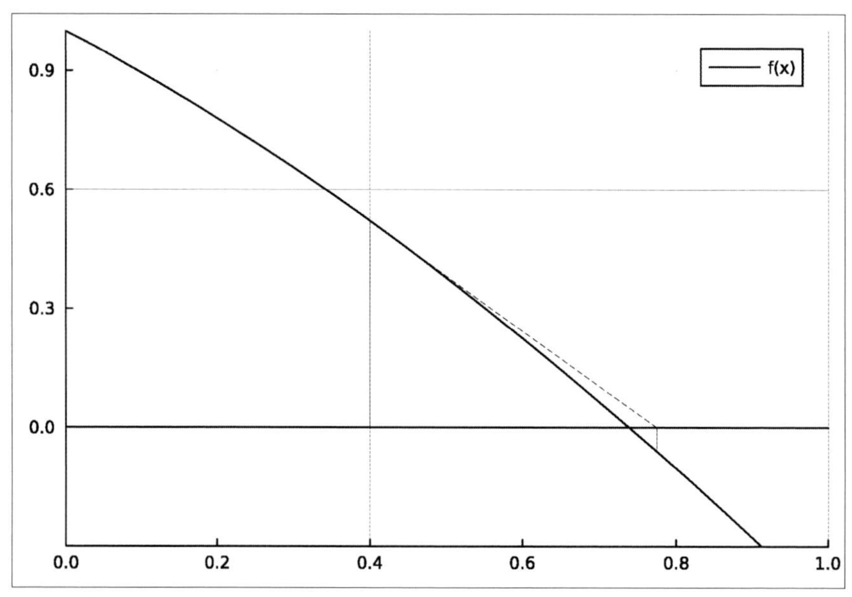

図 ニュートン法の収束する様子

2-5 多変数のニュートン法

ニュートン法を多変数の場合に拡張してみましょう。変数が x_1 と x_2 の時、連立方程式

$$f_1(x_1, x_2) = 0$$
$$f_2(x_1, x_2) = 0$$

を満たす解 x_1, x_2 を求める問題を考えます。 例えば、

$$6x_1^2 - 0.5 - x_2 = 0$$
$$\cos(x_2) - x_1 = 0$$

のような方程式の解 x_1, x_2 を求めるような問題です。

さて、 $\vec{x} = (x_1, x_2)^T$, $\vec{f} = (f_1, f_2)^T$ という形でベクトルを導入すると、方程式は

$$\vec{f}(\vec{x}) = \vec{0}$$

という形にまとまります。変数の数が3以上あっても同じように書けますね。ある変数 $\vec{x}^n$ があるとき、この $\vec{x}^n$ まわりでのテイラー展開は

$$f_i(\vec{x}) = f_i(\vec{x}^n) + \sum_j \frac{\partial f_i(\vec{x}^n)}{\partial x_j}(x_j - x_j^n)$$

と書けるため、ベクトルを使って書き換えると、

$$\vec{f}(\vec{x}) = \vec{f}(\vec{x}^n) + \nabla \vec{f}(\vec{x}^n)(\vec{x} - \vec{x}^n)$$

となります。ここで、 $\nabla \vec{f}(\vec{x}_n)$ は行列で、

$$[\nabla \vec{f}(\vec{x}^n)]_{ij} = \frac{\partial f_i(\vec{x}^n)}{\partial x_j}$$

と定義しました。 したがって、 $\vec{f}(\vec{x}) = \vec{0}$ となる $\vec{x}$ を次の解候補ベクトル $\vec{x}^{n+1}$ とし、$\vec{x}^{n+1} = \vec{x}^n + \Delta\vec{x}^n$ 、 $\Delta\vec{x}^n = (\vec{x}^{n+1} - \vec{x}^n)$ とすれば、

$$\nabla \vec{f}(\vec{x}^n)\Delta\vec{x} = -\vec{f}(\vec{x}_n)$$

という連立方程式を解くことで、$\vec{x}^{n+1}$ を決めることができます。

Q 例題 2.5

多変数のニュートン法によるコードを作成し、本文に示された多変数の方程式を解け。ただし、引数はベクトルを返す関数、そのベクトルを微分して作られた行列、及び解候補の初期値とする。

A 解答

途中で連立方程式を解く必要がありますが、これは第1章で作成した関数のどれかを使いましょう。その結果、

```
001 function newton(f,df,x0::T;eps = 1e-10,maxiteration = 1000) where T <: Abstr
    actVector
002     x = copy(x0)
003     for i=1:maxiteration
004         fx = f(x)
005         r = sum(abs.(fx))
006         if r < eps
007             println("converged. $i-th eps: $r")
008             return x
009         end
010         dftemp = df(x)
011         LU!(dftemp)
012         x -= solve_withLU!(dftemp,fx)
013         #x -= df(x) \ fx #Julia標準機能で解く場合
014     end
015     error("not converged $(abs(x-xold)/abs(x) )")
016 end
```

のようなコードになります。ここで、x0::Tとしているのは、x0がベクトルの時にこの関数が呼ばれるように多重ディスパッチの機能を使ったものです。関数newtonは、もしx0がベクトルでなければ、一変数用に定義されたnewtonが呼ばれることになります。

2-6 二分法

非線形方程式 $f(x)=0$ の解 x が区間 $[a,b]$ にあることがわかっているとします。 $f(a)$ と $f(b)$ の符号が異なる、つまり、 $f(a)f(b)<0$ が成り立つとき、 $f(x)=0$ となる x が必ず存在することが知られています（中間値の定理)。二分法では、以下のような操作によって解を見つけ出します。

1. a と b の中点 $c=(a+b)/2$ における値 $f(c)$ を計算する。
2. もし、 $f(c)f(a)<0$ ならば、中間値の定理より区間 $[a,c]$ の中に必ず解が存在するため、$a=a$ 、 $b=c$ と置き直す。
3. もし、 $f(c)f(a)>0$ ならば、 $f(a)f(b)<0$ より $f(c)f(b)<0$ が成り立つので、中間値の定理より区間 $[c,b]$ の中に必ず解が存在する。従って、$a=c$ 、 $b=b$ と置き直す。
4. $f(c)$ が十分小さくなるまで、1.から3.を繰り返す。

Q 例題 2.6

二分法によるコードを作成し、例題1.と同じ方程式を解け。ただし、引数は、探索区間の最小値及び最大値とする。

A 解答

コードは非常にシンプルです。最初に $f(a)f(b)<0$ を満たすことさえ確認できれば必ず収束するため、@assertを使って条件を満たしているか確認しています。この@assertは、条件が満たされないときにはメッセージを出力して停止してくれるJuliaのマクロです。

```
001 function bisection(f,a,b;eps = 1e-10,maxiteration = 1000)
002     xa = a
003     xb = b
004     fa = f(xa)
005     fb = f(xb)
006     @assert fa*fb < 0 "f(a)f(b) < 0 is not satisfied!"
007     for i=1:maxiteration
008         xc = (xa + xb)/2
009         fc = f(xc)
010         if fa*fc < 0
011             xb = xc
012             fb = fc
013         else
014             xa = xc
015             fa = fc
016         end
017         r = abs(fc)
018         if r < eps
019             println("converged. $i-th eps: $r")
020             return xc
021         end
022     end
023 end
```

2-7 作成した関数

本章で作成した関数とその機能についてです。これらは02.jlに定義されているはずです。

- chikuji(f,x0;eps = 1e-10,maxiteration = 1000):逐次代入法
- steffensen(f,x0;eps = 1e-10,maxiteration = 1000):Stefessen反復法
- newton(f,df,x0;eps = 1e-10,maxiteration = 1000):Newton法。x0がベクトルなら多変数関数のNewton法となる
- bisection(f,a,b;eps = 1e-10,maxiteration = 1000):二分法

CHAPTER 3 固有値

行列 A の固有値問題とは、

$$A\vec{x} = \lambda\vec{x}$$

を満たすような値 λ（固有値）とベクトル $\vec{x}$ （固有ベクトル）を求める問題です。通常、適当なベクトル $\vec{y}$ に行列 A をかけた場合、そのベクトル $\vec{c} = A\vec{y}$ は $\vec{y}$ とは異なる方向のベクトルとなります。一方、固有ベクトル $\vec{x}$ に行列 A をかけた場合、長さが λ 倍されたもとと同じ方向のベクトルになります。 $n \times n$ 行列であれば固有値は（縮退がなければ） n 個の固有値を持ちます。物理や工学の問題において、すべての固有値固有ベクトルが必要な場合と、絶対値が最大あるいは最小の固有値固有ベクトルが必要な場合があります。この章ではさまざまな手法を用いて固有値を計算してみましょう。

例題として、行列 A を

$$A = \begin{pmatrix} 9 & 2 & 1 & 1 \\ 2 & 8 & -2 & 3 \\ -1 & -2 & 7 & -2 \\ 1 & -1 & 4 & 6 \end{pmatrix}$$

として、この行列の固有値固有ベクトルを求めてみることにします。

3-1 標準機能による方法

Q 例題 3.1

Juliaの基本的な機能を用いて、例題の固有値問題を解き、固有値と固有ベクトルを表示せよ。

Juliaの標準パッケージに含まれるLinearAlgebraを使うことで、簡単に解くことができます。]キーを押してパッケージモードにしてから、add LinearAlgebraでパッケージを追加してください。あとは、eigen(A)で固有値と固有ベクトルを得ることができます。固有値と固有ベクトルを出力するコードは、

```
001  using LinearAlgebra
002  const A03 = [9 2 1 1
003               2 8 -2 3
004              -1 -2 7 -2
005               1 -1 4 6]
006  function test03_standard()
007      e,v = eigen(A03)
008      println("eigenvalue")
009      display(e)
010      println("\t")
011      println("eigenvectors")
012      display(v)
013      println("\t")
014  end
015  test03_standard()
```

となります。また、出力結果は、以下の通りです。

```
eigenvalue
4-element Vector{ComplexF64}:
 5.1050467771048265 + 0.0im
  7.695017317617213 - 2.3271831676239856im
  7.695017317617213 + 2.3271831676239856im
  9.504918587660764 + 0.0im
eigenvectors
4×4 Matrix{ComplexF64}:
  0.438858+0.0im    0.23644-0.0083687im    0.23644+0.0083687im   0.636521+0.0im
 -0.790641+0.0im    0.32437-0.422015im     0.32437+0.422015im    0.545792+0.0im
 -0.359061+0.0im  -0.275277+0.304712im   -0.275277-0.304712im   -0.371782+0.0im
   0.23101+0.0im  -0.701489-0.0im        -0.701489+0.0im        -0.398411+0.0im
```

3-2 べき乗法

ある行列の絶対値最大の固有値と固有ベクトルを求めたい場合の方法の一つが、べき乗法です。 $n \times n$ 行列 A の n 個の固有値がすべて異なるとします。このとき、固有値を $\lambda_1, \cdots, \lambda_n$ とします。対応する固有ベクトルを $\vec{x}_1, \cdots, \vec{x}_n$ とします。一般に、任意の n 次元のベクトル $\vec{y}$ は、固有ベクトル $\vec{x}_i$ の線型結合：

$$\vec{y} = c_1\vec{x}_1 + c_2\vec{x}_2 + \cdots + c_n\vec{x}_n = \sum_{i=1}^{n} c_i\vec{x}_i$$

で表すことができます。このベクトル $\vec{y}$ に行列 A を何度も掛けてみましょう。一度掛けると、

$$A\vec{y} = \sum_{i=1}^{n} c_i A\vec{x}_i = \sum_{i=1}^{n} c_i\lambda_i\vec{x}_i$$

となるため、 N 回掛けると、

$$A^N\vec{y} = \sum_{i=1}^{n} c_i\lambda_i^N\vec{x}_i$$

となります。ここで、絶対値最大の固有値を λ_j とすると、

$$A^N\vec{y} = \lambda_j \sum_{i=1}^{n} c_i \left(\frac{\lambda_i}{\lambda_j}\right)^N \vec{x}_i$$

となりますが、 λ_i/λ_j の絶対値は $i = j$ でない限り1以下なので、 N を大きくしていくと0に近づいていきます。つまり、十分に大きな N では、

$$A^N\vec{y} \sim \lambda_j^N c_j\vec{x}_j$$
$$A^{N+1}\vec{y} \sim \lambda_j^{N+1} c_j\vec{x}_j$$

が成り立ちます。そこで、 $A^N\vec{y}$ と $A^{N+1}\vec{y}$ の内積を取れば、

$$\frac{(A^{N+1}\vec{y}, A^{N+1}\vec{y})}{(A^{N+1}\vec{y}, A^N\vec{y})} = \lambda_j$$

となり、絶対値最大の固有値 λ_j を取り出すことができます。

つまり、初期ベクトル $\vec{x}_0 = \vec{y}$ として、$\vec{x}_1 = A\vec{x}_0$ 、 $\vec{x}_2 = A\vec{x}_1$ と次々とベクトルを計算していき、十分小さな正の数 ϵ と比較して

$$\lambda = \frac{(\vec{x}_{N+1}, \vec{x}_{N+1})}{(\vec{x}_{N+1}, \vec{x}_N)}$$

$$\frac{||\vec{x}_{N+1} - \lambda\vec{x}_N||}{||\vec{x}_N||} < \epsilon$$

となったとき、 $\vec{x}_N$ は固有ベクトルの数値的近似解になっていると言えます。ここで、 $||\vec{x}||$ はベクトル $\vec{x}$ のノルム $||\vec{x}|| \equiv \sqrt{\sum_{i=1}^{N} |[\vec{x}]_i|^2}$ です。

ただし、ただひたすらに行列 A を掛けていくと、ベクトルのノルムは $|\lambda_j|$ の値によっては大きく変化します。そこで、適宜ノルムを規格化しながら計算を行います。これがべき乗法です。

Q 例題 3.2

べき乗法を用いて、例題の行列の絶対値最大の固有値を求め、固有値と固有ベクトルを表示せよ。

A 解答

上で述べたように、何度も行列を掛けていき、ベクトルのノルムが発散しないように時々ノルムを規格化するコードを書けばいいです。つまり、

```
001 function power_method(A,x0;eps = 1e-8,maxiteration = 1000)
002     n,m = size(A)
003     @assert n == length(x0) "size mismatch!"
004     x = copy(x0)
005     xold = copy(x0)
006     r = 0.0
007     for i=1:maxiteration
008         mul!(x,A,xold) #x = A*xoldでも可。
009         λ = dot(x,x)/dot(x,xold)
010         r = norm(x - λ*xold)/norm(xold)
```

```
011         x ./=  norm(x)
012         println("$i $r $(norm(x))")
013         if r < eps
014             println("converged. residual: $r")
015             return λ,x
016         end
017         xold,x = x,xold #xold .= xでも可
018     end
019     error("not converged! residual: $r")
020 end
```


のようなコードを書けば、絶対値最大の固有値と対応する固有ベクトルが求まります。このコードをMyNumericsパッケージに追加する場合には、03.jlに書き込んでください。そして、endの後にexport power_methodとするのを忘れないでください。テストをするには、

```
001 using LinearAlgebra
002 const A03 = [9 2 1 1
003               2 8 -2 3
004              -1 -2 7 -2
005               1 -1 4 6]
006 function test03_power()
007     x0 = Float64[1,2,3,4]
008     e1,v1 = power_method(A03,x0)
009     println("残差ノルム：",norm(A03*v1-e1*v1))
010     println("Maximum eigenvalue:")
011     display(e1)
012     println("eigenvector:")
013     display(v1)
014 end
015 test03_power()
```

を03test.jlに書いてください。もし上でA03をすでに定義している場合には、この部分は削除してください。出力結果は

```
(出力前半省略)
converged. residual: 8.15052022238106e-9
残差ノルム：7.448398515031465e-9
Maximum eigenvalue:
9.50491858856402
eigenvector:
4-element Vector{Float64}:
  0.6365207069403944
  0.5457917727322515
 -0.3717815979413064
 -0.3984108104533507
```

となります。最大固有値が得られていることがわかります。

power_methodにおいてmul!(x,A,xold)としているところはx = A*xoldでも構いません。mul!(x,A,xold)はすでに用意されている配列xにA*xoldした結果を書き込む関数ですが、x = A*xoldは計算するたびに新しい配列xを作成します。何度も繰り返すような場合はmul!の方が速いです。xold,x = x,xoldでは、配列xと配列xoldの中身を入れ替えています。このとき、それぞれの中身をコピーするのではなく、xをxoldとみなし、xoldをxとみなす、という名前の付け替えだけを行うことでメモリーコピーを回避しています。xold .= xでもコードは動きます。

3-3 逆べき乗法

べき乗法は絶対値最大の固有値とその固有ベクトルを求める手法でしたが、似たような考え方で絶対値最小の固有値とその固有ベクトルを求めることができます。これが逆べき乗法です。固有値方程式 $A\vec{x} = \lambda\vec{x}$ の両辺の左側から行列 A の逆行列をかけ、 λ で割ると

$$\frac{1}{\lambda}\vec{x} = A^{-1}\vec{x}$$

となります。行列 A^{-1} に対するべき乗法を行うと、 $1/\lambda$ のうち絶対値最大のものが計算されます。したがって、元の行列 A の固有値のうち絶対値最小のものが出てきます。行列 A をかける代わりに逆行列 A^{-1} をかけて次のベクトル $\vec{x}_{i+1}$ を求める形になりますが、これは連立方程式 $A\vec{x}_{i+1} = \vec{x}_i$ を解くことで計算できます。

Q 例題 3.3

逆べき乗法を用いて、例題の行列の絶対値最小の固有値を求め、固有値と固有ベクトルを表示せよ。

A 解答

べき乗法のコードの行列 A とベクトル x をかける部分を連立方程式を解くように置き換えるだけです。コードは

```
001 function inverse_power_method(A,x0;eps = 1e-8,maxiteration = 1000)
002     n,m = size(A)
003     @assert n == length(x0) "size mismatch!"
004     x = copy(x0)
005     xold = copy(x0)
006     r = 0.0
007     for i=1:maxiteration
008         x = A \ xold #標準機能を使う場合
009         λ = dot(x,x)/dot(x,xold)
010         r = norm(x - λ*xold)/norm(xold)
011         x ./=  norm(x)
012         println("$i $r $(norm(x))")
013         if r < eps
014             println("converged. residual: $r")
015             return 1/λ,x
016         end
017         xold,x = x,xold
018     end
019     error("not converged! residual: $r")
020 end
```

となります。テストをするには、

```
001 function test03_inverse_power()
002     x0 = Float64[1,2,3,4]
003     e1,v1 = inverse_power_method(A03,x0)
004     println("残差ノルム：",norm(A03*v1-e1*v1))
005     println("Minimum eigenvalue:")
006     display(e1)
007     println("eigenvector:")
008     display(v1)
009 end
010 test03_inverse_power()
```

とします。この出力結果は

```
(出力前半省略)
converged. residual: 7.575199027260874e-9
残差ノルム：1.9742107664042294e-7
Minimum eigenvalue:
5.1050468693969515
eigenvector:
4-element Vector{Float64}:
 -0.43885824752991043
  0.790640984133428
  0.3590606370109507
 -0.23101024161883113
```

です。最小固有値が得られていることがわかります。

追加課題

上記の逆べき法のコードの連立方程式を解く部分を書き換え、LU分解を用いたコードを作成せよ

逆べき法では連立方程式を何度も解いていますが、同じ行列を何度も解くことになるため、第1章で用いたLU分解を使うことで計算を効率化できます。第1章で実装したLU分解の関数LU!とそれを用いて連立方程式の解を求める関数solve_withLU!を用いることにすると、


```
001 function inverse_power_method_LU(A,x0;eps = 1e-8,maxiteration = 1000)
002     n,m = size(A)
003     @assert n == length(x0) "size mismatch!"
004     x = copy(x0)
005     xold = copy(x0)
006     ALU = zeros(n,m)
007     ALU .= A
008     LU!(ALU)
009     xtmp = zero(xold)
010     #luA = lu(A)　# 標準機能を使うなら
011     r = 0.0
012     for i=1:maxiteration
013         xtmp .= xold
014         x = solve_withLU!(ALU,xtmp)
015         #x = luA \ xold # 標準機能を使うなら
016         λ = dot(x,x)/dot(x,xold)
017         r = norm(x - λ*xold)/norm(xold)
018         x ./=  norm(x)
019         println("$i $r $(norm(x))")
020         if r < eps
021             println("converged. residual: $r")
022             return 1/λ,x
023         end
024         xold,x = x,xold
025     end
026     error("not converged! residual: $r")
027 end
```

となります。

3-4 ヤコビ法

ここでは、実対称行列（すべての要素が実数で、行列の転置が元の行列に等しい行列）の固有値固有ベクトルを求めることができるヤコビ法について述べます。

$n \times n$ の実対称行列 A を考えると、この行列はユニタリー行列 U を用いて、

$$U^T A U = D$$

となります。ここで、行列 D は対角行列で、行列 A の固有値が並んでいます。このように、ユニタリー行列を用いて行列を対角要素のみの行列にすることを、対角化と呼んでいます。

ヤコビ法では、ユニタリー行列を何度も繰り返して行列 A を対角化することを考えます。手法を理解するため、まず適当な 3×3 の対称行列を考えます。

$$A = \begin{pmatrix} 1 & 2 & 3 \\ 2 & 4 & 5 \\ 3 & 5 & 6 \end{pmatrix}$$

この行列にユニタリー変換を施して、23成分と32成分の5を0にしてみます。ユニタリー行列として

$$U_1 = \begin{pmatrix} 1 & 0 & 0 \\ 0 & \cos\theta_1 & \sin\theta_1 \\ 0 & -\sin\theta_1 & \cos\theta_1 \end{pmatrix}$$

を考え、$U_1^T A U_1$ の23成分を計算してみると、

$$[U_1^T A U_1]_{23} = ((4-6)/2)\sin 2\theta + 5\cos 2\theta$$

となります。これがゼロになるためには、

$$\tan 2\theta = 2\frac{5}{6-4}$$

となるような θ を選べばいいはずです。

例題 3.4

上記の 3×3 行列の23成分がゼロとなるようなユニタリー行列を用いて、実際にユニタリー変換を行い、確かに23成分がゼロになることを確かめよ。

解答

コードは以下のようになります。

```
001 function test03_unitary()
002     A = [1 2 3
003     2 4 5
004     3 5 6
005     ]
006     θ = atan(2*5/(6-4))/2
007     U = [1 0 0
008     0 cos(θ) sin(θ)
009     0 -sin(θ) cos(θ)
010     ]
011     display(U'*A*U)
012 end
013 test03_unitary()
```

このコードの出力結果は、

```
3×3 Matrix{Float64}:
  1.0        -0.355282    3.588
 -0.355282  -0.0990195  -7.21645e-16
  3.588      0.0         10.099
```

となります。確かに23成分がゼロ（7.21645e-16と非常に小さな数）になっています。

この 3×3 行列に対する操作を、一般化します。行列の p, q 成分（$p < q$）をゼロとするためのユニタリー行列は

$$U_{pq} = \sin\theta_i$$
$$U_{pq} = -\sin\theta_i$$
$$U_{pp} = \cos\theta_i$$
$$U_{qq} = \cos\theta_i$$
$$U_{ij} = \delta_{ij}\ (\text{それ以外})$$

というものになるでしょう。この行列を用いて $U^T AU$ の p, q を計算すると、

$$[U_1^T AU_1]_{23} = ((A_{pp} - A_{qq})/2)\sin 2\theta + A_{pq}\cos 2\theta$$

となるため、$A_{pp} \neq A_{qq}$ のときは、

$$\tan 2\theta = \frac{2A_{pq}}{A_{qq} - A_{pp}}$$

とすればよく、$A_{pp} = A_{qq}$ のときは、

$$\theta = \pi/4$$

とすればいいです。

Q 例題 3.5

上記の $n \times n$ 行列Aのpq成分がゼロとなるようなユニタリー行列Uを作成する関数を作成し、得られたUによるユニタリー変換で行列Aのp,q成分がゼロになることを確かめよ。関数の引数はA,p,qとする。

A 解答

数式をコードに落とすだけなので、

```
001 function make_U(A,p,q)
002     n,m = size(A)
003     @assert n == m "A should be a square matrix"
004     U = zeros(n,m)
005 
006     App = A[p,p]
```

```
007         Aqq = A[q,q]
008         Apq = A[p,q]
009         if App != Aqq
010             θ = atan(2Apq/(Aqq-App))/2
011         else
012             θ = π/4
013         end
014         for i=1:n
015             U[i,i] = 1
016         end
017         U[p,p] = cos(θ)
018         U[q,q] = cos(θ)
019         U[p,q] = sin(θ)
020         U[q,p] = -sin(θ)
021         return U
022     end
```

という関数を定義し、

```
001 function test03_make_U()
002     A = [1 2 3
003     2 4 5
004     3 5 6
005     ]
006     p = 2
007     q = 3
008     U1 = make_U(A,p,q)
009     A2 = U1'*A*U1
010     display(A2)
011 end
012 test03_make_U()
```

とすれば、ちゃんと23成分がゼロになる行列が得られることがわかります。

このようなユニタリー変換を何度も繰り返すことで、行列を対角行列に変換することが可能です。ただし、1回目で0となった非対角成分は、別の非対角要素を消すために導入した2回目のユニタリー変換によって0ではない値を取ります。しかしながら、何度もこの変換を繰り返していくと非対角要素の値は全体的に小さくなっていきます。これを具体的に確かめてみましょう。消すべき非対角要素の場所は、行列の非対角要素の中で絶対値最大の場所とすることにします。

Q 例題 3.6

入力した行列の絶対値最大の非対角要素を0とするようなユニタリー行列を返す関数を作成せよ。そして、得られたユニタリー行列を繰り返し適用し、絶対値最大の非対角要素の値がある値以下となったときに止まる関数を作成せよ。ただし、引数は行列A、停止条件eps、返り値は行列Aの固有値と固有ベクトルとする。

A 解答

非対角要素の絶対値最大の値を探し出し、ユニタリー行列を作成する関数は

```
001 function get_U(A)
002     n,m = size(A)
003     p=0
004     q=0
005     v=0
006     for i=1:n
007         for j=i+1:n
008             if abs(A[i,j]) > v
009                 p = i
010                 q = j
011                 v = abs(A[i,j])
012             end
013         end
014     end
015     U = make_U(A,p,q)
016     return U,v
017 end
```

となります。この関数を利用して、

```
001 function eigen_Jacobi(A;eps = 1e-8,maxiteration = 1000)
002     U,maxval =get_U(A)
003     Ui = copy(U)
004     Ai = Ui'*A*Ui
005     println("0 $maxval")
006     display(Ai)
007     println("\t")
008 
009     for i=1:maxiteration
010         Ui,maxval =get_U(Ai)
011         Ai = Ui'*Ai*Ui
012 
013         U = U*Ui
014 
015         println("$i $maxval")
016         display(Ai)
017         println("\t")
018         if maxval < eps
019             return Ai,U
020         end
021     end
022     error("not converged! residual: $maxval ")
023 end
```

という関数を定義すれば、

```
001 function test03_Jacobi()
002     A = [1 2 3
003     2 4 5
004     3 5 6
005     ]
006     Ai,U = eigen_Jacobi(A)
007     display(U'*A*U)
008     return
009 end
010 test03_Jacobi()
```

によって、行列Aを対角化することができます。この関数では、ユニタリー変換をするたびに変換された行列を表示するようにしています。出力結果の一部を示しますと、

```
0 5
3×3 Matrix{Float64}:
  1.0        -0.355282    3.588
 -0.355282  -0.0990195  -7.21645e-16
  3.588       0.0         10.099

1 3.5880042352247834
3×3 Matrix{Float64}:
 -0.244609     -0.335661    -3.60822e-16
 -0.335661     -0.0990195   -0.116434c
 -4.44089e-16  -0.116434    11.3436

2 0.33566147388867273
3×3 Matrix{Float64}:
 -0.515279     -1.11022e-16  -0.0730879
  9.71445e-17   0.17165      -0.0906374
 -0.0730879    -0.0906374    11.3436
(省略)
6 3.6535462401683472e-6
3×3 Matrix{Float64}:
 -0.515729     -1.03149e-15   3.15468e-9
 -8.23946e-16   0.170915     -6.4851e-22
  3.15468e-9    5.81454e-16  11.3448

7 3.154675203034243e-9
3×3 Matrix{Float64}:
 -0.515729     -1.03149e-15   1.55096e-25
 -8.23946e-16   0.170915     -6.48729e-22
  3.66529e-16   5.81454e-16  11.3448
```

となります。非対角要素の値がだんだんと小さくなっていくことがわかると思います。

何回も繰り返しユニタリー行列をかけて対角行列を得るという作業は、元の行列 A に対して、

$$U_N^T \cdots U_2^T U_1^T A U_1 U_2 \cdots U_N = D$$

という操作を行なったことになります。つまり、 $U = U_1 U_2 \cdots U_N$ が、行列 A を対角化するユニタリー行列です。

3-5 ハウスホルダー変換による対称行列の三重対角化

ある行列 A に対して、正則行列 S を用いた $B = S^{-1}AS$ という行列 B を考えます。この B に対する固有値問題は、

$$B\vec{y} = \lambda\vec{y}$$
$$AS\vec{y} = \lambda S\vec{y}$$
$$A\vec{x} = \lambda\vec{x}$$

となるため、行列 B の固有値と行列 A の固有値は等しいです。このような B を作る変換を相似変換と呼びます。相似変換を用いて行列 A を三重対角行列に変換すると、2分法によって固有値を求めることができます。そのため、

1. 行列 A を三重対角行列に変換
2. 三重対角行列の固有値を2分法で計算

のように2段階で計算を行います。1段階目にはハウスホルダー変換がよく使われます。

ハウスホルダー変換

$N \times N$ の対称行列 A を三重対角行列に変換することを考えます。例えば、4×4 行列であれば、

$$\begin{pmatrix} A_{11} & A_{12} & A_{13} & A_{14} \\ A_{21} & A_{22} & A_{23} & A_{24} \\ A_{31} & A_{32} & A_{33} & A_{34} \\ A_{41} & A_{42} & A_{43} & A_{44} \end{pmatrix} \rightarrow \begin{pmatrix} R_{11} & R_{12} & 0 & 0 \\ R_{21} & R_{22} & R_{23} & 0 \\ 0 & R_{32} & R_{33} & R_{34} \\ 0 & 0 & R_{43} & R_{44} \end{pmatrix}$$

という変換を考えています。相似変換に用いる行列として、以下のような行列：

$$R = I - 2\vec{u}\vec{u}^T$$

を使います。ここで、$\vec{u}^T\vec{u} = |\vec{u}|^2 = 1$ です。この行列はハウスホルダー行列と呼ばれているもので、$R^T = R$ かつ

$$R^2 = (I - 2\vec{u}\vec{u}^T)^2 = I - 4\vec{u}\vec{u}^T + 4\vec{u}\vec{u}^T\vec{u}\vec{u}^T = I$$

であり、直交行列($R^TR = I$)です。この行列は、ベクトル $\vec{u}$ に対して作用させると

$$R\vec{u} = \vec{u} - 2\vec{u}\vec{u}^T\vec{u} = -\vec{u}$$

のように向きを逆転させ、ベクトル $\vec{u}$ と垂直なベクトル $\vec{v}$ （$\vec{v}^T\vec{u} = 0$)に対して作用させると

$$R\vec{v} = \vec{v} - 2\vec{u}\vec{u}^T\vec{v} = \vec{v}$$

のようにそのままになるような行列です。つまり、行列 R は、ベクトル $\vec{u}$ と垂直な平面に対する鏡像変換になっています。逆に言えば、ベクトル $\vec{u}$ を定義すると、鏡像変換の鏡である $\vec{u}$ に垂直な平面を定義することができます。この鏡像変換を使って、行列 A の1列目を

$$\vec{y} = (A_{11}, \beta_1, 0, \cdots, 0)^T$$

のように変換してみましょう。そして、行列 A の1列目を

$$\vec{a}_1 = (A_{11}, A_{21}, \cdots, A_{N1})^T$$

とし、鏡像変換によって $\vec{y}$ に変わったとします。二つのベクトルが鏡写の関係にあるのであれば、$\vec{y}$ は長さが $\vec{a}_1$ と等しくなければなりません。したがって、$\beta_1^2 = \sum_{j=2} A_{j1}^2$ となるべきです。そして、この鏡像変換の導入は簡単です。なぜなら、この鏡は、二つの点の垂直二等分線(が乗る平面)だからです。ベクトルで表記すれば、二つのベクトルを結ぶベクトル $\vec{a}_1 - \vec{y}$ と垂直な面が鏡です。$\vec{u}$ の長さが1であることを要請すると、

$$\vec{u} = \frac{\vec{a}_1 - \vec{y}}{|\vec{a}_1 - \vec{y}|}$$

となります。成分をあらわにみてみると

$$\vec{u} = \frac{1}{\sqrt{\beta_1(\beta_1 - A_{21})}}(0, A_{21} - \beta_1, A_{31}, \cdots, A_{N1})^T$$

となります。なお、 β_1 は正負どちらも取ることができますが、桁落ちを防ぐために、 β_1 の符号は A_{21} と逆にします。 このように定義された $\vec{u}$ を用いて、ハウスホルダー変換を実行します。具体的には、

$$\begin{aligned}
RAR &= A - 2\vec{u}\vec{u}^T A - 2A\vec{u}\vec{u}^T + 4\vec{u}\vec{u}^T A\vec{u}\vec{u}^T \\
&= A - 2\vec{u}\vec{p}^T - 2\vec{p}\vec{u}^T + 2\vec{u}\vec{u}^T\vec{p}\vec{u}^T + 2\vec{u}\vec{u}^T\vec{p}\vec{u}^T \\
&= A - 2\vec{u}(\vec{p}^T - \vec{u}^T\vec{p}\vec{u}^T) - 2(\vec{p} - \vec{u}\vec{u}^T\vec{p})\vec{u}^T \\
&= A - \vec{u}\vec{q}^T - \vec{q}\vec{u}^T
\end{aligned}$$

となります。ここで、$\vec{p} \equiv A\vec{u}$ 、$\vec{q} \equiv 2(\vec{p} - \vec{u}\vec{u}^T\vec{p})$ 、及び、 $A^T = A$ を用いました。そして、この変換によって、行列 A は

$$RAR = \begin{pmatrix}
A_{11} & \beta_1 & 0 & \cdots & 0 \\
\beta_1 & A_{22}^{(1)} & A_{23}^{(1)} & \cdots & A_{2N}^{(1)} \\
0 & A_{32}^{(1)} & \ddots & & \\
\vdots & \vdots & & & \\
0 & A_{N2}^{(1)} & A_{N3}^{(1)} & \cdots & A_{NN}^{(1)}
\end{pmatrix}$$

となり、1列目を三重対角化することができました（対称行列のため1列目と1行目は同じ値になります）。なお、 $A_{ij}^{(1)}$ は1列目に対するハウスホルダー変換によって変化した値です。あとは2列目以降も同様に繰り返します。 i 列目に対するハウスホルダー変換 $R^{(i)}$ は、ベクトル $\vec{u}^{(i)}$ を

$$\vec{u}^{(i)} = \frac{1}{\sqrt{\beta_i(\beta_i - A_{i+1,i}^{(i-1)})}}(0, \cdots, 0, A_{i+1,i}^{(i-1)} - \beta_i, A_{i+2,i}^{(i-1)}, \cdots, A_{N,i}^{(i-1)})^T$$

とします。ここで $\beta_i^2 = \sum_{j=i+1}(A_{ji}^{(i-1)})^2$ です。あとは、 $i = N-2$ までこの操作を繰り返し実行すれば、三重対角行列を得ることができます。 三重対角行列 T に変換したあと、その固有ベクトル $\vec{x}$ が得られたとします。得られたベクトル $\vec{x}$ と行

列 T との関係は

$$T\vec{x} = \lambda\vec{x}$$
$$AR^{(1)}\cdots R^{(N-2)}\vec{x} = \lambda R^{(1)}\cdots R^{(N-2)}\vec{x}$$

となりますから、 $R^{(1)}\cdots R^{(N-2)}\vec{x}$ が行列 A の固有ベクトルとなります。

Q 例題 3.7

ハウスホルダー行列を繰り返しかけることで対称行列を三重対角化する関数を作成せよ。入力は対称行列A、出力は、三重対角行列の対角要素が格納された配列と、非対角要素が格納された配列、及び、ハウスホルダー変換で用いたベクトルが格納された配列とする。

A 解答

理論通りにシンプルに実装すると、以下のようになります。

```
001 function householder(A)
002     N,M = size(A)
003     A1 = deepcopy(A)
004     α = zeros(N) #対角要素
005     β = zeros(N) #非対角要素
006     υ = zero(A) #ハウスホルダー変換用
007     p = zeros(N)
008     q = zeros(N)
009     for i=1:N-2
010         s = 0.0
011         for j=i+1:N
012             υ[j,i] = A1[j,i]
013             s += υ[j,i]^2
014         end
015         s = sqrt(s)
016         α[i] = A1[i,i]
017         β[i] = ifelse(A[i+1,i] < 0,s,-s)
```

```
018         v[i+1,i] -= β[i]
019         c = sqrt(-2*β[i]*v[i+1,i])
020         v[:,i] ./= c
021         for j=i:N #pの計算
022             p[j] = 0
023             for k=i:N
024                 p[j] += A1[j,k]*v[k,i]
025             end
026         end
027         vp = 0.0
028         for j=i:N #v^T pの計算
029             vp += v[j,i]*p[j]
030         end
031         for j=i:N #qの計算
032             q[j]= 2*(p[j]- vp*v[j,i])
033         end
034         for j=i:N
035             for k=i:N
036                 A1[j,k] += - v[j,i]*q[k] - q[j]*v[k,i]
037             end
038         end
039         println("i = $i")
040         display(A1)
041         println("\t")
042     end
043     α[N-1] = A1[N-1,N-1]
044     α[N] = A1[N,N]
045     β[N-1] = A1[N,N-1]
046     return α,β,v
047 end
```

ここで、for j=i:Nは i 番目から始まっていますが、i 番目の列はいつも対角要素と β_i しかないため、この部分をfor j=i+1:Nと変えることで計算時間を削減することができます。そのときには、A1[i+1,i] = β[i]やA1[i,i+1] = β[i]、A1[i+2:end,i] .= 0、A1[i,i+2:end] .= 0として、i 列のその他の要素がゼロであることをはっきり示す必要があります。

この関数の動作確認のコードも作っておきます。まず、得られた α や β を使って三重対角行列をかける関数を,

```
001 function householder_matmul(α,β,x)
002     N = length(α)
003     xout = zero(x)
004     xout[1] += α[1]*x[1] + β[1]*x[2]
005     for i=2:N-1
006         xout[i] += + β[i-1]*x[i-1] + α[i]*x[i] + β[i]*x[i+1]
007     end
008     xout[N] += β[N-1]*x[N-1] + α[N]*x[N]
009     return xout
010 end
```

とします。そして、変換前の座標系に戻す関数を

```
001 function householder_backtransform(u,x)
002     N,M = size(u)
003     xout = deepcopy(x)
004     for i=N-2:-1:1
005         # R^{(i)} x= x - 2 u u^T x
006         ux = 0.0
007         for k=i:N
008             ux += u[k,i]*xout[k]
009         end
010         for k=i:N
011             xout[k] += -2*ux*u[k,i]
012         end
013     end
014     return xout
015 end
```

とします。これらを使って、03test.jlに、

```
001 function test03_householder()
002     A = rand(6,6)
003     A = A'*A
004     display(A)
005     α,β,u= householder(A)
006     println("α = $α")
007     println("β = $β")
008     x = rand(6)
009     Tx = householder_matmul(α,β,x) #三重対角行列をかける
010     Rx = householder_backtransform(u,x)
011     RTx = householder_backtransform(u,Tx) #RTx = RRARx= ARx
012     println("RTx ",RTx)
013     ARx = A*Rx
014     println("ARx ",ARx)
015     println(norm(RTx-ARx))
016     return
017 end
018 test03_householder()
```

を追加します。出力結果は

```
(出力前半省略)
α = [1.5428921867826335, 8.923624496699388, 0.6440995756997667, 1.128595711003201
4, 0.5177367690540489, 0.1414626194219094]
β = [-3.443539171305408, -0.746403612011278, -0.4047762685700469, -0.165390270630
13859, -0.12892515125402743, 0.0]
RTx [-1.155431014390417, -1.5356336691447585, -1.5397130741055478, -1.25838673987
72797, -1.2011683258232222, -0.6675735181468767]
ARx [-1.1554310143904178, -1.535633669144758, -1.5397130741055471, -1.25838673987
72801, -1.2011683258232224, -0.6675735181468765]
1.3136335981433192e-15
```

になります。このコードでは、$AR\vec{x} = RT\vec{x}$ となることを確認しています。

3-6 二分法による三重対角行列の固有値計算

ハウスホルダー変換等によって三重対角行列が得られているとします。この行列は

$$T = \begin{pmatrix} \alpha_1 & \beta_1 & 0 & 0 \\ \beta_1 & \alpha_2 & \ddots & 0 \\ 0 & \ddots & \ddots & \beta_{N-1} \\ 0 & 0 & \beta_{N-1} & \alpha_N \end{pmatrix}$$

と表されているとします。行列 T の固有値 λ は、

$$\det(\lambda I - T) = 0$$

となるような λ です。ここで、

$$p_k(\lambda) \equiv \det \begin{pmatrix} \lambda - \alpha_1 & -\beta_1 & 0 & 0 \\ -\beta_1 & \lambda - \alpha_2 & \ddots & 0 \\ 0 & \ddots & \ddots & -\beta_{k-1} \\ 0 & 0 & -\beta_{k-1} & \lambda - \alpha_k \end{pmatrix}$$

という多項式を定義しておきます。行列 T の固有値が満たすべき方程式は $p_N(\lambda) = 0$ となります。行列式は小行列展開することができるため、 $p_k(\lambda)$ は

$$p_k(\lambda) = (\lambda - \alpha_k)p_{k-1}(\lambda) - \beta_{k-1}^2 p_{k-2}(\lambda)$$

という漸化式を満たします。 $p_0(\lambda) = 1$ として、 $p_1(\lambda) = \lambda - \alpha_1$ を用いれば、この漸化式によって $p_N(\lambda)$ を計算することができます。

$p_N(\lambda) = 0$ となる λ を見つけるためには、二分法を用います。二分法は非線形問題の解法にも登場しましたが、範囲を決めて、徐々にその範囲を狭めていくことを解を見つける方法です。

今回の場合には、スツルムの定理と呼ばれるものを用いて計算します。スツルムの定理によれば、ある λ を決め、 $p_0(\lambda)$ から $p_N(\lambda)$ まで順番に計算したとき、 $p_{k-1}(\lambda)$ と $p_k(\lambda)$ の符号が変化する回数を $N(\lambda)$ とすると、この $N(\lambda)$ は λ より大きい固有値の数に一致します。この性質を二分法に応用し、固有値を計算します。

いま、固有値の大きい方から、 $\lambda_1, \lambda_2, \cdots, \lambda_N$ とし、 k 番目の固有値 λ_k を探すこととします。スツルムの定理より、 λ_k より小さい実数 a を選ぶと $N(a) \geq k$ となり、 λ_k 以上の実数 b を選ぶと $N(b) < k$ となります。 逆に言えば、 $N(a) \geq k$ となる a と $N(b) < k$ となる b を用意すれば固有値 λ_k の存在範囲は $a < \lambda_k \leq b$ となります。この範囲を狭めるためには、 a と b の中点 $c = (a+b)/2$ を用意し、 $N(c)$ を計算します。もし $N(c) \geq k$ であれば、 c は λ_k より小さいので、 a の代わりに c を用いることで λ_k の存在範囲を $c < \lambda_k \leq b$ に狭めることができます。あるいは、 $N(c) < k$ であれば、 c は λ_k より大きいので、 λ_k の存在範囲を $a < \lambda_k \leq c$ と狭めることができます。

さて、実際に二分法による計算を行う前に、 $N(\lambda)$ の計算方法を少し変更しておきます。つまり、

$$g_k(\lambda) \equiv \frac{p_k(\lambda)}{p_{k-1}(\lambda)}$$

という量が負になった回数を $N(\lambda)$ とします。これは $p_k(\lambda)$ そのものを計算する場合には λ の値次第では計算が不安定になるためです。この $g_k(\lambda)$ の漸化式は

$$g_k(\lambda) = (\lambda - \alpha_k) - \frac{\beta_{k-1}^2}{g_{k-1}(\lambda)}$$

となります。ただし、 $g_1(\lambda) = \lambda - \alpha_1$ です。もし $g_{k-1}(\lambda) = 0$ となってしまうと漸化式の計算が続けられませんが、このときは $g_{k-1}(\lambda) = \epsilon$ という小さな正の値 ϵ に置き換えて計算を続けることとします。 二分法を用いるためには、初期値 a , b が必要です。この初期値は $a < \lambda_k \leq b$ となっていなければなりません。固有値の存在範囲を調べるにはゲルシュゴリンの定理（第7章で詳述）を使うことができます。ここでは、ゲルシュゴリンの定理を三重対角行列に適用した結果を採用すると、すべての固有値に対して、

$$\min_i(\alpha_i - |\beta_{i-1}| - |\beta_i|) \leq \lambda \leq \max_i(\alpha_i + |\beta_{i-1}| + |\beta_i|)$$

が成り立つため、

$$a = \min_i(\alpha_i - |\beta_{i-1}| - |\beta_i|)、b = \max_i(\alpha_i + |\beta_{i-1}| + |\beta_i|)$$

とすれば $a < \lambda_k \leq b$ を満たします。

Q 例題 3.8

二分法を用いて三重対角行列のすべての固有値を計算する関数を作成せよ。入力は三重対角行列T、出力は全固有値とする。

A 解答

すべての固有値を計算する必要がありますが、k 番目の固有値を計算する関数をまず作成します。

```
001 function trigonal_matrix_bisection_k(α,β,a0,b0,k;eps = 1e-8,maxiteration = 1
    000)
002     a = a0
003     b = b0
004     for i=1:maxiteration
005         c = (a + b)/2
006         Nc = count_Nlambda(α,β,c)
007         if Nc < k
008             b = c
009         else
010             a = c
011         end
012         r = abs(a-b)
013         if r < eps
014             println("converged. $i-th eps: $r")
015             return c
016         end
017     end
018 end
```

この関数は、二分法の初期値をa0とb0で与えています。ここで、count_Nlambdaは $N(\lambda)$ を計算する関数で、

```
001 function count_Nlambda(α,β,λ;ϵ=1e-8)
002     N = length(α)
003     Ncount = 0
```

```
004     gi = λ-α[1]
005     Ncount += ifelse(gi < 0,1,0)
006     for i=2:N
007         if gi == 0
008             gi = ϵ
009         end
010         gi = λ-α[i]-β[i-1]^2/gi
011         Ncount += ifelse(gi < 0,1,0)
012     end
013     return Ncount
014 end
```

と定義されています。そして、固有値の大きい順番に $k = 1, 2, 3, \cdots$ とループを回す関数を、

```
001 function trigonal_matrix_bisection(α,β;eps = 1e-8,maxiteration = 1000)
002     N = length(α)
003     λmax = α[1]+abs(β[1])
004     λmin = α[1]-abs(β[1])
005     for i=2:N-1
006         p = α[i]+abs(β[i-1])+abs(β[i])
007         λmax = ifelse(p > λmax,p,λmax)
008         p = α[i]-abs(β[i-1])-abs(β[i])
009         λmin = ifelse(p < λmin,p,λmin)
010     end
011     p = α[N]+abs(β[N-1])
012     λmax = ifelse(p > λmax,p,λmax)
013     p = α[N]-abs(β[N-1])
014     λmin = ifelse(p < λmin,p,λmin)
015     a = λmin
016     b = λmax
017     println("max and min: $b $a")
018     λs = Float64[]
019     for k=1:N
020         λk = trigonal_matrix_bisection_k(α,β,a,b,k;eps,maxiteration)
021         b = λk
022         push!(λs,λk)
```

```
023       end
024       return λs
025   end
```

とします。ある k で固有値が見つかった場合、 $k-1$ での固有値 λ_{k-1} は必ず小さいので、最大値を λ_k にセットしてtrigonal_matrix_bisection_kを呼び出しています。

このコードをテストするには、

```
001  function test03_bisection()
002      A = rand(6,6)
003      A = A'*A
004      display(A)
005      e,v = eigen(A)
006      α,β,u= householder(A)
007      λ =  trigonal_matrix_bisection(α,β)
008      for i=1:length(e)
009          println("i = $i $(e[i]) $(λ[end-i+1]) $(e[i]-λ[end-i+1])")
010      end
011      λ =  trigonal_matrix_bisection(α,β,eps = 1e-14)
012      for i=1:length(e)
013          println("i = $i $(e[i]) $(λ[end-i+1]) $(e[i]-λ[end-i+1])")
014      end
015      return
016  end
017  test03_bisection()
```

などとするといいでしょう。ここでは、標準パッケージLinearAlgebraの機能を使って A の固有値を求めて、ハウスホルダー変換と二分法によって得られた固有値との比較をしています。また、三重対角行列から固有値を得る際の精度を上げた場合についても調べています。出力結果は

```
（省略）
converged. 28-th eps: 5.796575171246321e-9
i = 1 0.035459112339482 0.03545911229416706 4.531493930093333e-11
i = 2 0.057128426962298695 0.05712842027755901 6.684739685403063e-9
i = 3 0.31182110690461623 0.31182110900621274 -2.1015965079307364e-9
```

```
i = 4 0.4889390844132916 0.4889390795202632 4.893028371366626e-9
i = 5 1.29874066534314 1.2987406660334821 -6.903422278270455e-10
i = 6 10.296970020410722 10.296970021848125 -1.437403085446931e-9
max and min: 13.152074801384993 -1.4988778793125634
(省略)
converged. 48-th eps: 5.530298441414061e-15
i = 1 0.035459112339482 0.03545911233947907 2.9282132274488504e-15
i = 2 0.05712842696229869 5 0.05712842696230273 -4.0314973581701e-15
i = 3 0.31182110690461623 0.31182110690461246 3.774758283725532e-15
i = 4 0.4889390844132916 0.4889390844132891 2.4980018054066022e-15
i = 5 1.29874066534314 1.2987406653431357 4.218847493575595e-15
i = 6 10.296970020410722 10.296970020410726 -3.552713678800501e-15
```

となります。

3-7 作成した関数

本章で作成した関数とその機能についてです。これらは03.jlに定義されているはずです。

- power_method(A,x0;eps = 1e-8,maxiteration = 1000):べき乗法
- inverse_power_method(A,x0;eps = 1e-8,maxiteration = 1000):逆べき乗法
- inverse_power_method_LU(A,x0;eps = 1e-8,maxiteration = 1000):LU分解を利用した逆べき乗法
- eigen_Jacobi(A;eps = 1e-8,maxiteration = 1000):ヤコビ法による固有値計算
- householder(A):ハウスホルダー法による対称行列の三重対角化
- householder_matmul(α,β,x):三重対角行列とベクトルの積
- householder_backtransform(u,x):ハウスホルダー法で変換したベクトルを元の基底に戻す
- trigonal_matrix_bisection(α,β;eps = 1e-8,maxiteration = 1000):三重対角行列の固有値をすべて求める

CHAPTER 4 数値積分

この章では、数値計算によってある関数の定積分を評価する方法について学びます。

ある関数 $f(x)$ を考えます。ここで、 $y = f(x)$ と $x = a$ と $x = b$ と x 軸で囲まれた面積を I としましょう。この面積を求めることを定積分と呼び、

$$I = \int_a^b f(x)dx \equiv \lim_{N \to \infty} \sum_{k=0}^{N-1} f(x_k)(x_{k+1} - x_k)$$

と定義されています。ここで、 x_k ($a = x_0 < x_1 < \cdots < x_k < \cdots x_N = b$) は区間 $[a, b]$ の内部の点であり、 $N \to \infty$ の極限で $x_{k+1} - x_k$ がゼロに収束するように取るとします。もし、関数 $f(x)$ が区間 $[a, b]$ で連続であれば、 $F(x)' = f(x)$ となるような関数（原始関数と呼びます） $F(x)$ を用いることで、

$$I = F(b) - F(a)$$

と計算できます。例えば、$f(x) = \sin x$ 、$a = 0$ 、 $b = \pi$ であれば、 $F(x) = -\cos(x)$ ですから、

$$\int_a^b \sin x dx = [-\cos x]_0^\pi = -\cos\pi + \cos 0 = 2$$

となります。このように、原始関数 $F(x)$ がわかっていれば、手で計算することが可能です。しかし、一般的には、世の中に存在するさまざまな関数 $f(x)$ は、その原始関数 $F(x)$ をたやすく求められません。そのような場合、数値計算によって積分を評価する必要があります。この章では、さまざまな方法で定積分を評価する方法を見ていきましょう。 積分を評価するサンプル定積分として、被積分関数 $f(x) = 2x^2 + x + \cos x$ を用意し、

$$I_1 = \int_0^1 (2x^2 + x + \cos x)dx$$

という積分を例題では評価することにします。なお、この積分は手で実行できて、

$$I_1 = \left[\frac{2}{3}x^3 + \frac{1}{2}x^2 + \sin x\right]_0^1 = 2.008137651474563$$

です。さまざまな手法を用いてこの値を再現することを目指します。

4-1 パッケージによる方法

Q 例題 4.1

Juliaのパッケージを用いて、上記のサンプル定積分を実行し、値を求め、精度を評価せよ。

A 解答

QuadGKという1次元積分を行うパッケージを使います。add QuadGKでパッケージを導入し、以下のようなコードとすれば実現できます。

```
001 using QuadGK
002 function test1()
003     f(x) = 2*x^2 + x + cos(x)
004     F(x) = 2*x^3/3 + x^2/2 + sin(x)
005 
006     a = 0
007     b = 1
008     I1 = F(b) - F(a)
009     I1_q, err = quadgk(f,a,b)
010     println("residual ", abs(I1 - I1_q)/abs(I1))
011 end
012 test1()
```

4-2 区分求積法と台形公式、シンプソンの公式

定積分は関数 $f(x_k)$ と $h_k \equiv x_{k+1} - x_k$ の積の和で定義されていました。そのため、一番素朴な方法としては、極限 $N \to \infty$ を実行せずに、 N をある有限の値にすることでしょう。また、 h_k は $N \to \infty$ で0に収束するようなどんなものを使っても構わないため、 k に依らない一定値 $h_k = h = (b-a)/N$ としてみます。このとき、定積分は

$$I \approx \sum_{k=0}^{N-1} f(x_k) h$$

となります。この方法を区分求積法と呼びます。区分求積法では、面積 I を、縦が $f(x_k)$ 横が h の N 個の長方形の面積の和として近似しています。 $N \to \infty$ の極限では定積分の定義そのものになるため、十分に大きな N であれば定積分を数値的に評価できるはずです。

Q 例題 4.2

区分求積法を用いて、サンプル定積分の値を評価せよ。ただし、作成する関数は、引数が、関数f、積分区間、a,bとする。そして、長方形の数（分割点数）Nはキーワード引数として設定せよ（デフォルト値はN=1000）とする。返り値が定積分の値となるものとする。

A 解答

区分求積法で積分を行うコードは、

```
001 function kubun(f,a,b;N=100)
002     dx = (b-a)/N
003     I = 0.0
004     for i=0:N-1
005         x = i*dx + a
006         I += f(x)*dx
007     end
```

```
008     return I
009 end
```

となります。04.jlに追加する場合にはexport kubunを忘れないでください。

区分求積法の精度を上げることを考えてみましょう。区分求積法ではある区間 x_k と x_{k+1} の関数の値を一定値 $f(x_k)$ と近似しました（ $f(x) \sim f(x_k)(x_k \leq x \leq x_{k+1})$ ）。その結果、この領域の面積は長方形になりました。この近似の精度をあげたければ、区間 x_k と x_{k+1} における関数の値を一定値ではなくより精度を上げればよいでしょう。

台形公式を用いた積分においては、区間 x_k と x_{k+1} における関数の値を一次関数 $f(x) = ax + b$ と近似します。このとき、 $x = x_k$ においては $f(x) = f(x_k)$ 、 $x = x_{k+1}$ においては $f(x) = f(x_{k+1})$ という点を通るような直線で近似します。その結果、面積は台形になります。台形の面積は $(f(x_k) + f(x_{k+1}))h/2$ です。

Q 例題 4.3

台形公式を用いて、サンプル定積分の値を評価せよ。ただし、作成する関数は、区分求積法と同様にせよ。また、同じ分割数の場合の計算精度を区分求積法と比較せよ。

A 解答

台形公式で積分を行うコードは以下の通りです。

```
001 function daikei(f,a,b;N=100)
002     dx = (b-a)/N
003     I = (f(a) + f(b))*dx/2
004     for i=1:N-1
005         x = i*dx + a
006         I += f(x)*dx
007     end
008     return I
009 end
```

この関数を用いて、解析解と比較するには、

```
001 function test04_daikeikubun()
002     f(x) = 2*x^2 + x + cos(x)
003     F(x) = 2*x^3/3 + x^2/2 + sin(x)
004     a = 0
005     b = 1
006     Iexact = F(b)-F(a)
007     I = kubun(f,a,b,N=1000)
008     I2 = daikei(f,a,b,N=1000)
009     sa = abs(Iexact-I)/abs(Iexact)
010     sa2 = abs(Iexact-I2)/abs(Iexact)
011     println("I: $I I2: $I2 Iexact: $Iexact ")
012     println("誤差： 区分求積法 ", sa," 台形公式: ",sa2)
013 end
014 test04_daikeikubun()
```

とします。この関数を`04test.jl`に追加することで、テストを実行することができます。計算を実行してみると、

```
I: 2.00686776353238 I2: 2.008137914685314 Iexact: 2.008137651474563
誤差： 区分求積法 0.0006323709638381433 台形公式: 1.310720663114856e-7
```

となり、台形公式の方が精度が出ていることがわかります。台形公式の誤差は離散点数 N に対して N^2 に反比例して減少します。

点の間を直線で近似したものが台形公式による積分だったので、点の間をより高次の多項式で近似して積分を行うことも可能です。そして、二次関数 $y = ax^2 + by + c$ で近似した場合はシンプソンの公式と呼ばれています。未知数が a, b, c とあるため、点は 3 点必要です。導出の詳細は省きますが、3 点 (x_{k-1}, x_k, x_{k+1}) を通る x_{k-1} から x_{k+1} までの積分値は

$$S_k = \int_{x_{k-1}}^{x_{k+1}} f(x)dx \sim \frac{h}{3}(f(x_{k-1}) + 4f(x_k) + f(x_{k+1}))$$

となります。

Q 例題 4.4

シンプソンの公式を用いて、サンプル定積分の値を評価せよ。ただし、作成する関数は、区分求積法と同様にせよ。また、同じ分割数の場合の計算精度を区分求積法と台形公式による積分と比較せよ。なお、分割数は偶数とする。

A 解答

シンプソンの公式で積分を行うコードは以下の通りです。

```
001 function simpson(f,a,b;N=100)
002     dx = (b-a)/N
003     I = f(a) + f(b)
004     I += 4*f(b-dx)
005     for i=1:2:N-3
006         x = i*dx + a
007         I += 4*f(x) + 2*f(x+dx)
008     end
009     return I*dx/3
010 end
```

この関数を上の台形公式のテスト関数test04_daikeikubun()のように誤差を評価するには、

```
001 function test04_daikeisimpson()
002     f(x) = 2*x^2 + x + cos(x)
003     F(x) = 2*x^3/3 + x^2/2 + sin(x)
004     a = 0
005     b = 1
006     Iexact = F(b)-F(a)
007     I2 = daikei(f,a,b,N=1000)
008     I3 = simpson(f,a,b,N=1000)
009     sa2 = abs(Iexact-I2)/abs(Iexact)
010     sa3 = abs(Iexact-I3)/abs(Iexact)
011     println("I2: $I2 I3: $I3 Iexact: $Iexact ")
012     println("誤差：　台形公式 ", sa2," シンプソンの公式: ",sa3)
```

```
013 end
014 test04_daikeisimpson()
```

などとします。出力結果は

```
I2: 2.008137914685314 I3: 2.0081376514745677 Iexact: 2.008137651474563
誤差：⬚台形公式 1.310720663114856e-7 シンプソンの公式: 2.4325928577474146e-15
```

となり、台形公式よりもさらに精度がいいことがわかります。シンプソンの公式による積分の誤差は、分割数 N に対して N^4 に反比例します。

4-3 ガウスの積分公式

一般に、積分を何らかの和で表現する場合、

$$I = \int_a^b f(x)dx \sim \sum_{k=1}^{N} W_k f(x_k)$$

と書くことができます。区分求積法や台形公式、シンプソンの公式では、関数を評価する点 x_k は等間隔に並んでおり、重み W_k を工夫することで精度を上げていました。しかし、もし、x_k の間隔と重み W_k の両方をうまく調節できれば、さらに精度を上げられそうです。

さて、W_k と x_k の両方を調節する前に、x_k が決まっているときに W_k をどのように決めればいいかについて考えます。まず、考えたい関数 $f(x)$ が $N-1$ 次の多項式の形で書けているとします:

$$f(x) = a_0 + a_1 x + a_2 x^2 + \cdots a_{N-1} x^{N-1}$$

また、$f(x)$ は $x = x_1$ から $x = x_N$ の N 個の点 x_k での値がわかっているとします。このとき、N 本の方程式があるため、N 個の係数 $a_i (i = 0, \cdots, N-1)$ を N 個の $f(x_k)$ 用いて書くことができます。つまり、

$$a_i = \sum_{k=1}^{N} w_k^i f(x_k)$$

です。これを用いると、積分は

$$I=\sum_{i=0}^{N-1}a_i\int_a^b x^i dx=\sum_{k=1}^{N}\sum_{i=0}^{N-1}w_k^i f(x_k)\int_a^b x^i dx=\sum_{k=1}^{N}W_k f(x_k)$$

となります。ここで、この式の左辺から右辺まで全く近似を行っていないことに注意してください。最右辺の式は厳密に正しいです。ただし、「関数 $f(x)$ が $N-1$ 次の多項式で書けていれば」という仮定が入っています。一般的には、積分したい関数 $f(x)$ が $N-1$ 次までの多項式で書けるとは限りません。そのため、上の積分の表式は「関数 $f(x)$ を $N-1$ 次の多項式で近似したときの積分の表式」となります。

これで係数 W_k の決め方がわかりました。次に、 x_k 点を調整してより積分の精度を上げることを考えます。上記の表式よりも積分の精度を上げるには、関数 $f(x)$ を近似する多項式をより高次にして、その高次の多項式に関する積分を厳密に評価すればいいはずです。ガウスの積分公式では、関数 $f(x)$ を

$$f(x)=r(x)+G_N(x)q(x)$$

とおきます。ここで、 $r(x)$ と $q(x)$ は $N-1$ 次の多項式、 $G_N(x)$ は N 次の多項式です。この式は、 $f(x)$ を $2N-1$ 次の多項式だと仮定した場合に、 N 次の多項式である $G_N(x)$ で割った商が $q(x)$ 、余りが $r(x)$ である、ということを意味しています。そして、もし $G_N(x_k)=0$ かつ

$$\int_a^b G_M(x)G_N(x)dx=\begin{cases}0 & M\neq N\\ c_N & M=N\end{cases}$$

となるような多項式 $G_N(x)$ を選べば、 $2N-1$ 次の多項式 $f(x)$ は厳密に積分を実行することができます。

まず、 $N-1$ 次の多項式 $q(x)$ は係数が N 個あるため、 $N-1$ 次までの多項式 $G_{N-1}(x)$ を N 個用いれば表現でき、 $q(x)=\sum_{M=0}^{N-1}c_M G_M(x)$ となります。そのため、積分値は

$$I=\int_a^b r(x)dx+\int_a^b G_N(x)q(x)dx=\int_a^b r(x)dx$$

となります。ここで、 $G_N(x)$ と $q(x)$ の中にある $G_M(x)$ の積の積分は、 $M\neq N$ であるために常にゼロとなることを使いました。そして、 $r(x)$ は $N-1$ 次の多項式ですから、 N 個の点 x_k での関数値 $r(x_k)$ を用いて書くことができます。さらに、 $G_N(x_k)=0$ という条件から、 $f(x_k)=r(x_k)$ なので、積分値は

$$I = \sum_{k=1}^{N} W_k r(x_k) = \sum_{k=1}^{N} W_k f(x_k)$$

となります。つまり、$r(x)$ がどのような多項式かを評価することなく、N 個の $f(x_k)$ の値だけで $2N-1$ 次の多項式で表現された $f(x)$ の積分値を厳密に求めることができます。あとは $G_N(x)$ の具体形を決めるだけですが、ちょうどよい関数として n 次のルジャンドル多項式 $P_n(x)$ があります。ルジャンドル多項式は直交多項式の一種です。そして、N 次のルジャンドル多項式にはゼロとなる x_k（零点と呼びます）は N 個あるので、これを使えば積分が実行できることになります。また、実際の計算では W_k を評価する必要がありますが、ルジャンドル多項式を利用する場合には

$$W_k = \frac{2(1-x_k^2)}{(nP_{n-1}(x_k))^2}$$

で計算できることが知られています（導出は省略します）。ルジャンドル多項式は、

$$P_0(x) = 1,\ P_1(x) = x$$

$$nP_n(x) = (2n-1)xP_{n-1}(x) - (n-1)P_{n-2}(x)$$

という漸化式で与えられます。零点の計算は、以前の章で紹介した非線形方程式の解法を用いれば可能です。もし微分値が必要であれば、

$$(1-x^2)P_n'(x) = n(P_{n-1}(x) - xP_n(x))$$

で求めることができます。このような、ルジャンドル多項式を用いた積分方法のことを、ルジャンドル・ガウス積分公式と呼びます。なお、ルジャンドル多項式は $-1 \leq x \leq 1$ で定義されているため、区間 $[a, b]$ で積分したい場合には最初に変数変換を行って積分区間を $[-1, 1]$ にする必要があります。

Q 例題 4.5

N 次のルジャンドル多項式を計算する関数と、零点を計算する関数をそれぞれ作成せよ。そして、零点でのルジャンドル多項式の値が本当にゼロになっているかを確かめよ。

ルジャンドル多項式は漸化式で定義されているため、

```
001 function legendre_polynomial(x,N)
002     if N==0
003         Pn = 1.0
004     elseif N==1
005         Pn = x
006     else
007         Pn_old = 1.0
008         Pn = x
009         for n=2:N
010             Pn_new = (2n-1)*x*Pn - (n-1)*Pn_old
011             Pn_new /= n
012             Pn_old = Pn
013             Pn = Pn_new
014         end
015     end
016     return Pn
017 end
```

という関数で計算できます。また、ルジャンドル多項式のゼロ点は前の章で作成したニュートン法によって求めることができるので、

```
001 function functionzeros(N)
002     fNm(x) = legendre_polynomial(x,N-1)
003     fN(x) = legendre_polynomial(x,N)
004     df(x) = N*(fNm(x) - x*fN(x))/(1-x^2)
005     xks = Float64[]
006     for k=1:N
007         x0 = sin((N+1-2k)*π/(2N+1))
008         xk = Newton(fN,df,x0)
009         push!(xks,xk)
010     end
011     return xks
012 end
```

とすることで、N 次のルジャンドル多項式の零点の座標を N 個求めることができます。なお、ニュートン法の初期値の値として、

$$x_0^{(k)} = \sin\left(\frac{(N+1-2k)\pi}{2N+1}\right),\ k = 1, \cdots, N$$

を用いました（田口俊弘、「Fortranハンドブック」 技術評論社を参照）。そして、きちんと零点として求まっているかを調べるには、

```
001 function test04_legendre_zero()
002     for n=1:10
003         xks = functionzeros(n)
004         Pnx = legendre_polynomial.(xks,n)
005         println(Pnx)
006     end
007 end
008 test04_legendre_zero()
```

というテスト用の関数を使います。

Q 例題 4.6

ルジャンドル・ガウス積分公式を用いて、サンプル定積分の値を評価せよ。引数は、関数、積分の下限a及び上限b、ルジャンドル多項式のゼロ点lzeros、及び次数Nとせよ。分割数が10の場合の計算精度をシンプソン公式による積分と比較せよ。

A 解答

以下のような関数となります。

```
001 function legendre_Gauss(f,a,b,lzeros;N=10)
002     x(t) = t*(b-a)/2 + (a+b)/2 #[-1,1]への変数変換
003     dxdt = (b-a)/2
004     I = 0.0
005     for k=1:N
```

```
006         tk = lzeros[k] #ルジャンドル多項式のゼロ点
007         Pnm = legendre_polynomial(tk,N-1) #P_{n-1}(x_k)
008         Wk = 2(1-tk^2)/(N*Pnm)^2
009         I += Wk*f(x(tk))
010     end
011     return I*dxdt
012 end
```

また、シンプソン公式との比較は、

```
001 function test04_legendreGauss()
002     f(x) = 2*x^2 + x + cos(x)
003     F(x) = 2*x^3/3 + x^2/2 + sin(x)
004     a = 0
005     b = 1
006     Iexact = F(b)-F(a)
007     N = 10
008     I3 = simpson(f,a,b,N=N)
009     sa3 = abs(Iexact-I3)/abs(Iexact)
010 
011     lzeros = functionzeros(N)
012     I4 = legendre_Gauss(f,a,b,lzeros;N=N)
013     sa4 = abs(Iexact-I4)/abs(Iexact)
014     println("I3: $I3 I4: $I4 Iexact: $Iexact ")
015     println("誤差：　シンプソン: ",sa3, " ルジャンドルガウス: ",sa4)
016 end
017 test04_legendreGauss()
```

で可能です。計算を実行してみると、

```
I3: 2.008138119515557 I4: 2.0081376514666642 Iexact: 2.008137651474563
誤差：　シンプソン: 2.3307216717046428e-7 ルジャンドルガウス: 3.9332815061723196e
-12
```

となります。たった10点で 4×10^{-12} の精度を達成しており、シンプソンの公式による結果よりも精度が良いことが確認できます。

4-4 モンテカルロ法

これまでは1次元の積分を扱ってきましたが、多重積分：

$$I = \int\int_D f(x,y)dxdy$$

を評価するにはどうすればいいでしょうか。もし、積分範囲が

$$I = \int_{y_0}^{y_1}\int_{x_0(y)}^{x_1(y)} f(x,y)dxdy$$

のように x の積分範囲が y によって決まるような形になっているならば、 y をパラメータとして x で積分して得られる $F(y) = \int_{x_0(y)}^{x_1(y)} f(x,y)dx$ に対して y で積分すれば、積分値が求まります。このような場合であれば、1次元の数値積分の手法を繰り返すことで求めることができます。一方、積分範囲 D が複雑な形状の場合や、より高次元の積分の場合、1次元積分の繰り返しで書くことが難しい場合があります。このような場合は、モンテカルロ法による積分が有用です。 モンテカルロ積分では、積分を

$$I = \int_D f(x,y)dxdy \sim \frac{V}{N}\sum_{i=1}^{N} f(x_i,y_i)W(x_i,y_i)$$

と近似します。ここで、 x_i と y_i はある範囲で発生させた乱数、 V はその範囲の面積です。 N は点 (x_i, y_i) の数です。範囲は矩形とすれば、 V は容易に求まります。そして、関数 $W(x,y)$ は

$$W(x,y) = \begin{cases} 1 & x,y \in D \\ 0 & \text{それ以外} \end{cases}$$

です。つまり、元々の積分の積分範囲 D の中に点 (x_i, y_i) が入っていたら1、入っていなければ0です。

モンテカルロ法を使って、立体の体積を求めてみましょう。被積分関数 $f(x,y,z)$ を1として、積分範囲を立体の形状とすることで、立体の体積が求まります。

サンプルの立体として、次のものを考えます。

- **直線 $z = 1$ 、$z = 0$ 、 z 軸、及び曲線 $x = e^z$ に囲まれた部分を、 z 軸の周りに一回転させて得られる立体**

この立体をまず図示してみます。コードは、

```
001 function plot_revolution()
002     N = 100
003     θ = range(0,2π,length=N)
004     zs = range(0,1,length=N)
005     f(z) = exp(z)
006     z = []
007     x = []#f.(z).*cos.(θ)
008     y = []#f.(z).*sin.(θ)
009     for zi in zs
010         for θj in θ
011             push!(z,zi)
012             push!(x,f(zi)*cos(θj))
013             push!(y,f(zi)*sin(θj))
014         end
015     end
016     p = plot(dpi=600)
017     plot!(p,x, y, z, label=nothing)
018     x0,x1,y0,y1,z0,z1 = 0,0,0,0,0,1
019     plot!(p,[x0,x1],[y0,y1],[z0,z1],color = "red",lw = 0.5,label=nothing)
020     x0,x1,y0,y1,z0,z1 = 0,f(1),0,0,1,1
021     plot!(p,[x0,x1],[y0,y1],[z0,z1],color = "red",lw = 0.5,label=nothing)
022     x0,x1,y0,y1,z0,z1 = 0,f(0),0,0,0,0
023     plot!(p,[x0,x1],[y0,y1],[z0,z1],color = "red",lw = 0.5,label=nothing)
024     plot!(p,f.(zs),zeros(N),zs,color = "red",lw = 1,label=nothing)
025     savefig(p,"revolution.png")
026 end
027 plot_revolution()
```

となります。

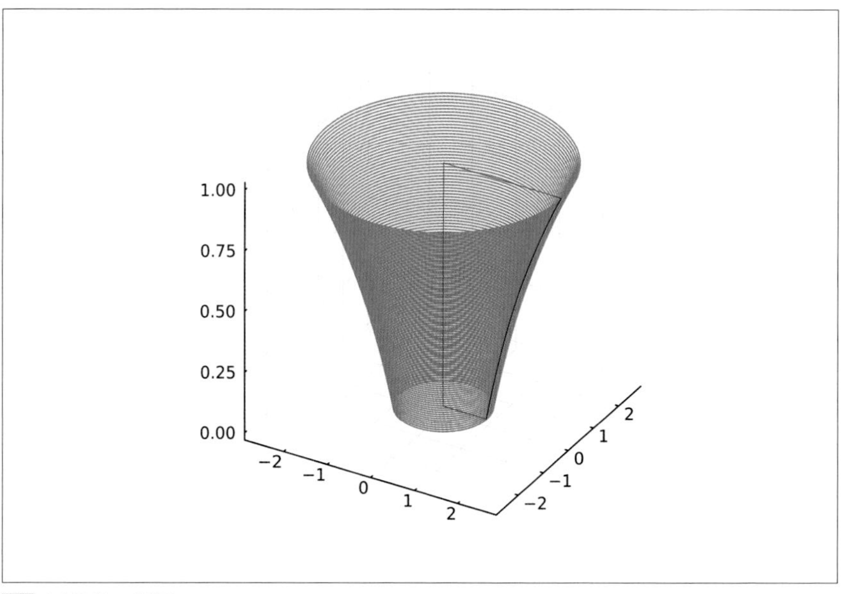

図 回転体の図示

この立体の体積は $I = \int_0^1 \pi(e^z)^2 dz = \pi(e^2 - 1)/2$ と計算できます。

例題 4.7

モンテカルロ法を用いて、サンプルの立体の体積を評価する関数を作成せよ。関数の引数は、曲線の関数、乱数を発生させる領域の下限と上限、そして乱数で生成させた点の数Nとせよ。また、Nを変化させながら、積分値を解析解と比較せよ。

モンテカルロ法では考えている形状の中に入っているかどうかを調べるだけなので、コードは非常にシンプルに書け、

```
001 function MC(f,minvalue,maxvalue;N=10000)
002     I = 0.0
003     cellvolume = (maxvalue-minvalue)^3
004     for i=1:N
005         x = (maxvalue-minvalue)*rand() + minvalue
006         y = (maxvalue-minvalue)*rand() + minvalue
007         z = (maxvalue-minvalue)*rand() + minvalue
008         r = sqrt(x^2+y^2)
009 
010         rf = f(z)
011         if r < rf
012             if 0 <= z <= 1
013                 I += 1.0
014             end
015         end
016     end
017     return cellvolume*I/N
018 end
```

のようになります。解析解と比較するコードは、

```
001 using Plots
002 using LaTeXStrings
003 function test04_MC()
004     f(z) = exp(z)
005     maxvalue = 3
006     minvalue = -maxvalue
007 
008     Iexact = π*(exp(2)-1)/2
009     Is = Float64[]
010     nmax = 30
011     for n = 1:nmax
```

```
012            N = 2^n
013            I = MC(f,minvalue,maxvalue,N=N)
014            push!(Is,I)
015            println("n=$n I = $I, ratio = $(abs(I - Iexact)/Iexact)")
016        end
017        plot(2 .^(1:nmax),abs.(Is .- Iexact)/Iexact,xscale=:log10,yscale=:log10,
    label="error")
018        plot!(2 .^(1:nmax),(2 .^(1:nmax)).^(-1/2),xscale=:log10,yscale=:log10,la
    bel=L"1/\sqrt{n}")
019        savefig("MC.png")
020    end
021    test04_MC()
```

です。ここで、パッケージPlotsとLaTeXStringsを使ったので、add Plotsとadd LaTeXStringsをしてパッケージを追加しておいてください。なお、生成させた点の数Nに対して、誤差は$1/\sqrt{N}$で減少していきます。

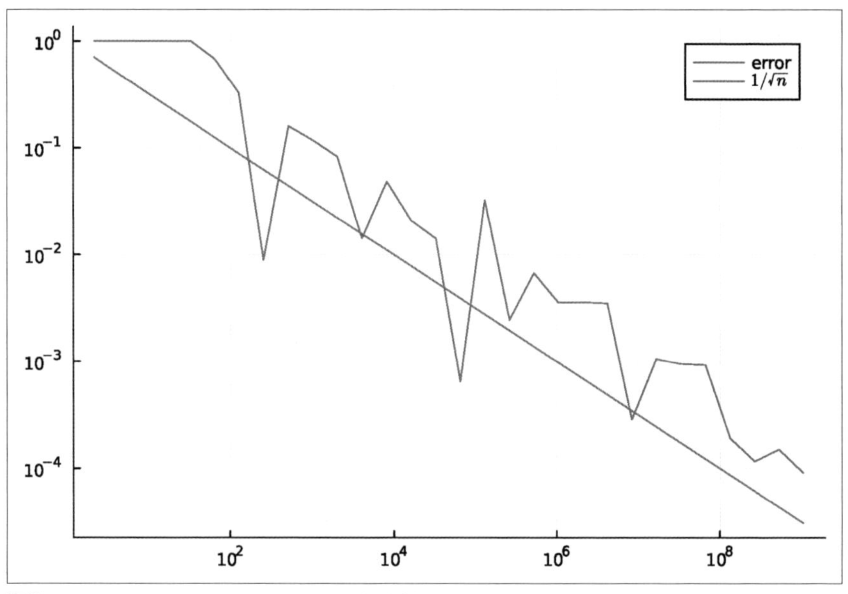

図 モンテカルロ法の誤差の乱数点依存性

4-5 作成した関数

本章で作成した関数とその機能についてです。これらは`04.jl`に定義されているはずです。

- `kubun(f,a,b;N=100)`:区分求積法
- `daikei(f,a,b;N=100)`:台形公式
- `simpson(f,a,b;N=100)`:シンプソンの公式
- `functionzeros(N)`: N 次のルジャンドル多項式ゼロ点の計算
- `legendre_Gauss(f,a,b,lzeros;N=10)`:ルジャンドルガウス積分
- `MC(f,minvalue,maxvalue;N=10000)`:モンテカルロ法

CHAPTER 5 補間と近似

本章では、平面内において複数のデータ点 (x_i, y_i) が分布しているとき、その分布を表す関数 $y = f(x)$ を推定する方法について考えます。推定には補間と近似の二種類の方法があります。補間においては、推定した関数は必ず得られているデータ点の上を通るとします。そして、データのない領域での関数の値を求めます。一方、近似においては、得られているデータ点を必ずしも通る必要はなく、全体として大体合うような関数を求めます。これは、データ点に誤差が含まれるためデータ点そのものを通る必要がない場合、あるいは、同じ x でも誤差によって異なる y が得られる場合などにおいて用いられます。

5-1 線形補間とラグランジュ補間

補間として一番簡単な、線形補間について考えます。データ点として、(x_1, y_1) と (x_2, y_2) という2点が与えられているとき、この2点を通る直線

$$y = ax + b$$

が得られたとすると、分布を直線で近似したことになり、これは線形補間と呼ばれます。そして、2点を通るような直線は、

$$y = \frac{y_2 - y_1}{x_2 - x_1}(x - x_1) + y_1$$

で書けます。

次に、データ点として、(x_1, y_1) 、(x_2, y_2) 、(x_3, y_3) の3点が与えられているとします。この3点を通る多項式で一番シンプルなものは2次関数

$$y = ax^2 + bx + c$$

です。係数が3つ、データ点が3つなので、3本の連立方程式を解けば係数が得られます。しかし、データ点が3点与えられるたびに連立方程式を解くのは少し面倒で

す。実は、3点を通る2次方程式は以下のように作ることができます。まず、

$$l_i(x) = \prod_{j \neq i}^{3} \frac{x - x_j}{x_i - x_j}$$

という関数 $l_i(x)$ を用意します。この $l_i(x)$ は、$x = x_i$ のとき1になり、$x = x_j$（$i \neq j$）のとき0になる2次関数です。この関数を用いて

$$y = \sum_{i=1}^{3} l_i(x) y_i$$

という関数を作ると、$l_i(x_i)y_i = y_i$、$l_i(x_j)y_i = 0$（$i \neq j$）となるため、与えられたデータ点を常に通ることがわかります。

この方法はデータ点がN個の場合 $(x_1, y_1) \cdots (x_N, y_N)$ にも容易に拡張することができます。つまり、

$$l_i(x) = \prod_{j \neq i}^{N} \frac{x - x_j}{x_i - x_j}$$

という関数を用意すれば、この関数は、$x = x_i$ のとき 1 になり、$x = x_j (i \neq j)$ のとき 0 になる $N - 1$ 次関数となっています。この関数を使って

$$y = \sum_{i=1}^{N} l_i(x) y_i$$

という関数を作ると、この関数はN個のデータ点を必ず通ります。このように、N個のデータ点を通る関数を作る方法を、ラグランジュ補間と呼びます。

Q 例題 5.1

ラグランジュ補間を行う関数を作成せよ。引数はN個のデータ点の組とし、返り値は補間を関数とせよ。また、作成した関数を用いて、適当に生成したN=3,4,5,8のデータ点を通るようなグラフを作成せよ。

A 解答

まず、関数 $l_i(x)$ は

```
001 function calc_l_i(i,x,xdata)
002     bunbo = 1.0
003     bunshi = 1.0
004     n = length(xdata)
005     for j=1:n
006         if i == j
007             continue
008         end
009         bunbo *= xdata[i] - xdata[j]
010         bunshi *= x - xdata[j]
011     end
012     return bunshi/bunbo
013 end
```

と定義できます。そして、

```
001 function lagrange(xdata,ydata)
002     @assert length(xdata) == length(ydata) "xとyの長さが異なっています。$(le
    ngth(xdata))と$(length(ydata))です"
003     function calc_y(x,xdata,ydata)
004         y = 0.0
005         n = length(xdata)
006         for i=1:n
007             l_i = calc_l_i(i,x,xdata)
008             y += l_i*ydata[i]
009         end
010         return y
011     end
012     return x -> calc_y(x,xdata,ydata)
013 end
```

でラグランジュ補間を行う関数が返ってきます。ここで、x -> calc_y(x,xdata,ydata)というものが返り値ですが、これは、「 x を入れたらcalc_y(x,xdata,ydata)の出

力の値を返す関数」が引数になっています。この関数を利用して

```
001 using Plots
002 function test05_lagrange()
003     f(x) = 1/(1+2x^3+4*x^12)
004     Ns = [8,5,4,3]
005     xmax = 3
006     xmin = 0
007     nmax = 100
008     xs = range(xmin,xmax,length=nmax)
009     yalldata = f.(xs)
010     plot(xs,yalldata,label="original",lw=2,color="black")
011     for N in Ns
012         xdata = range(xmin,xmax,length=N)
013         ydata = f.(xdata)
014         fhokan = lagrange(xdata,ydata)
015         ys = fhokan.(xs)
016         plot!(xs,ys,label="order $(N-1)")
017     end
018     savefig("hokan.png")
019 end
020 test05_lagrange()
```

とすると、関数

$$f(x) = \frac{1}{1 + 2x^3 + 4x^{12}}$$

という関数を補間できます。補間した結果を図に示しました。必ずしも、次数が上がれば近似が良くなるわけではなく、高次になればなるほど振動が乗る場合があります。

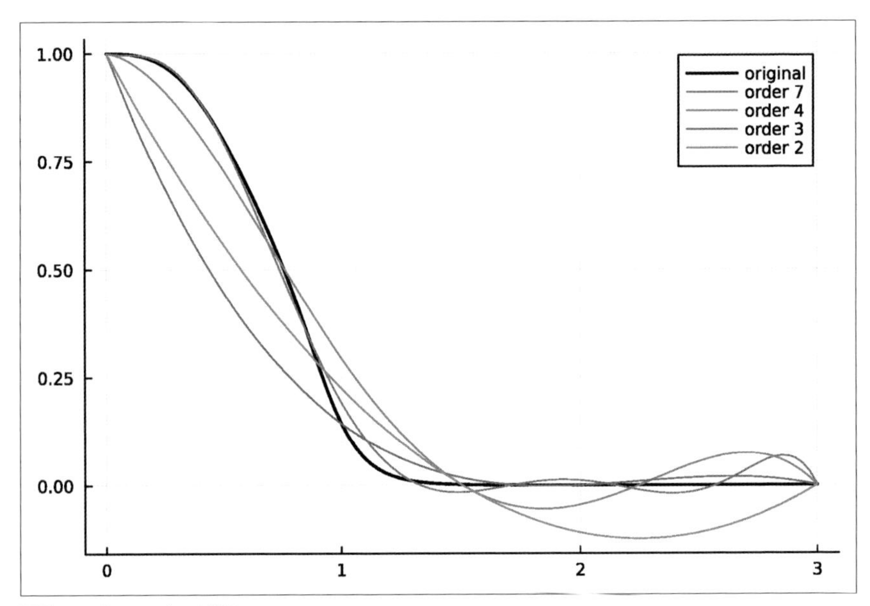

図 ラグランジュ補間

5-2 スプライン補間

ラグランジュ補間では、与えられた点を通るような関数を作りました。しかし、与えられた点以外での関数の値は、次数をあげていっても元の関数に近づくとは限りません。実際、例題の解答で用いた関数では、高次のラグランジュ補間の方が値が大きくずれているということがわかります。

N個のデータから作られるラグランジュ補間の式は、N個の係数を含んだ $N-1$ 次の多項式からなります。この補間よりも性能の良い補間方法を考える場合には、より沢山の係数が含まれた近似関数を用意すればよいと予想できるかと思います。その方法の一つとして、ここではスプライン補間について紹介します。

ラグランジュ補間では与えられた点 $x_1, \cdots, x_N$ 上の値に一致するように一つの多項式を決めました。得られた多項式は、点と点の間で振動が起きることがあります。振動が起きないもっともシンプルな近似は、各区間 $x_i < x \leq x_{i+1}$ を直線で結んだ折れ線グラフでしょう。このような折れ線グラフによる近似の場合、各区間 $x_i < x \leq x_{i+1}$ での関数を $S_i(x)$ としたとき、1次関数：

$$S_i(x) = a_i(x - x_i) + b_i$$

となっています。ここで二つの係数 a_i と b_i は、$S_i(x_i) = y_i$ 、 $S_i(x_{i+1}) = y_{i+1}$ という二つの条件式から決まります。

さて、この近似の精度をより上げるには、区間における関数の次数をあげて

$$S_i(x) = \sum_{k=0}^{m} a_i^k (x - x_i)^k$$

のような多項式で近似する方法があります。例えば、3次スプライン補間と呼ばれる方法では、

$$S_i(x) = a_i(x - x_i)^3 + b_i(x - x_i)^2 + c_i(x - x_i) + d_i$$

という3次関数を用います。区間の数は全部で $N - 1$ 個、各区間で a_i, b_i, c_i, d_i の4つの係数があるため、決めなければならない係数の数は $4(N - 1)$ 個です。この場合、「区間の左端と右端でデータ点を通る（ $S_i(x_i) = y_i$ 、$S_i(x_{i+1}) = y_{i+1}$ ）」という条件だけでは条件の数は $2(N - 1)$ 個となるため、条件の数が足りず、係数を決めることができません。そこで、与えられている点 $x_1, \cdots, x_N$ の上では1階微分と2階微分が連続：

$$\frac{dS_{i-1}(x)}{dx}\Big|_{x=x_i} = \frac{dS_i(x)}{dx}\Big|_{x=x_i}$$
$$\frac{d^2S_{i-1}(x)}{d^2x}\Big|_{x=x_i} = \frac{d^2S_i(x)}{d^2x}\Big|_{x=x_i}$$

という条件を課します。両端を除く区間と区間の境界に関する条件で、1階微分も2階微分もそれぞれ $N - 2$ 個の方程式があります。これで、全部で $4(N - 1) - 2$ 個の方程式となりますが、まだ2個足りません。足りない2個の条件は色々と設定することができますが、端での2階微分がゼロ：

$$\frac{d^2S_{i-1}(x)}{d^2x}\Big|_{x=x_1} = \frac{d^2S_i(x)}{d^2x}\Big|_{x=x_N} = 0$$

という条件がよく用いられます。これを自然スプライン条件と言います。

結局、スプライン補間の係数を決める連立方程式は

$$a_i h_i^3 + b_i h_i^2 + c_i h_i + y_i = y_{i+1}$$
$$3a_i h_i^2 + 2b_i h_i + c_i = c_{i+1}$$
$$3a_i h_i + b_i = b_{i+1}$$

となります。ここで、$h_i \equiv x_{i+1} - x_i$ です。係数 d_i は $S_i(x_i) = d_i = y_i$ から決まるため、a_i, b_i, c_i をを決めればいいことになります。このまま連立方程式を解いてもいいのですが、さらに式変形を行い、c_i に関する方程式にすることができます。まず、i に関する一つ目の式に $3/h_i$ をかけて二つ目の式を用いると、

$$c_{i+1} + b_i h_i + 2c_i = \frac{3}{h_i}(y_{i+1} - y_i) \tag{i}$$

となります。$i-1$ に関しては、

$$c_i + b_{i-1}h_{i-1} + 2c_{i-1} = \frac{3}{h_{i-1}}(y_i - y_{i-1})$$

です。次に、$i-1$ に関する一つ目の式に $3/h_{i-1}$ をかけて三つ目の式を用いると、

$$b_i h_{i-1} + 2b_{i-1}h_{i-1} + 3c_{i-1} = \frac{3}{h_{i-1}}(y_i - y_{i-1})$$

となります。この二つの式から $b_{i-1}h_{i-1}$ を消去すると、

$$b_i h_{i-1} - 2c_i - c_{i-1} = -\frac{3}{h_{i-1}}(y_i - y_{i-1}) \tag{ii}$$

となるので、(i) $\times h_{i-1}-$ (ii) $\times h_i$ をすると、

$$\begin{aligned} h_i c_{i-1} + 2(h_{i-1} + h_i)c_i + h_{i-1}c_{i+1} \\ = \frac{3h_{i-1}}{h_i}(y_{i+1} - y_i) + \frac{3h_i}{h_{i-1}}(y_i - y_{i-1}) \end{aligned}$$

となります。これで c_i に関する連立方程式となりました。他の係数 a_i, b_i は、上のいくつかの方程式を用いて、

$$\begin{aligned} b_i &= \frac{1}{h_i^2}(3(y_{i+1} - y_i) - h_i(c_{i+1} + 2c_i)) \\ a_i &= \frac{1}{3h_i^2}(c_{i+1} - c_i - 2b_i h_i) \end{aligned}$$

で求められます。c_i に関する方程式は c_{i-1}, c_i, c_{i+1} にのみ依存するため、行列で表現すると三重対角行列になり、これまでこの本で紹介してきた手法で簡単に解くことができます。これらの方程式は $i=1$ と $i=N-1$ 以外で成り立ちます。そし

て、 $i=1$ と $i=N-1$ に関しては、両端（ $x=x_1$ 、$x=x_N$ ）での2階微分がゼロという条件から、 $b_1=b_{N-1}=0$ が得られます。この条件から、

$$h_1(c_2+2c_1)=3(y_2-y_1)$$
$$h_{N-1}(c_N+2c_{N-1})=3(y_N-y_{N-1})$$

という方程式が得られます。これらの方程式と先程の c_i に関する方程式からなる N 本の連立方程式を解くことによって、 $c_1,\cdots,c_N$ を決めることができます。

Q 例題 5.2

Juliaのパッケージを用いて3次スプライン補間を行う関数を作成せよ。

A 解答

Dierckxというパッケージがあるため、これをadd Dierckxでインストールすると、

```
001 using Dierckx
002 spl = Spline1D(xdata, ydata)
003 yspl = spl.(xs)
```

のように補間を行うことができます。上のコードではxdataとydataがデータ点で、xsが補間を行う点です。

Q 例題 5.3

3次スプライン補間を行う関数を作成せよ。ラグランジュ補間のときに使った8点のデータ点からスプライン補間を行い、ラグランジュ補間と比較せよ。

A 解答

まず、係数 a_i,b_i,c_i を求める関数を書きます。その際、 c_i に関する連立方程式を行列の形で作って解きます。

```
001 function make_spline_coefficients(xdata,ydata)
002     @assert length(xdata) == length(ydata) "xとyの長さが異なっています。$(le
    ngth(xdata))と$(length(ydata))です"
003     N = length(xdata)
004     smatrix = zeros(Float64,N,N)
005     bvector = zeros(Float64,N)
006     a = zeros(Float64,N-1)
007     b = zeros(Float64,N-1)
008     h1 = xdata[2]-xdata[1]
009     smatrix[1,1] = 2*h1
010     smatrix[1,2] = 1*h1
011     bvector[1] = 3*(ydata[2]-ydata[1])
012     hnm = xdata[N]-xdata[N-1]
013     smatrix[N,N] = 1*hnm
014     smatrix[N,N-1] = 2*hnm
015     bvector[N] = 3*(ydata[N]-ydata[N-1])
016 
017     for i=2:N-1
018         him = xdata[i] - xdata[i-1]
019         hi = xdata[i+1]-xdata[i]
020         smatrix[i,i-1] = hi
021         smatrix[i,i] = 2*(him + hi)
022         smatrix[i,i+1] = him
023         bvector[i] = 3*(him/hi)*(ydata[i+1]-ydata[i]) + 3*(hi/him)*(ydata[i]
    -ydata[i-1])
024     end
025     smatrix_temp = deepcopy(smatrix)
026     LU!(smatrix_temp)
027     bvector_temp = deepcopy(bvector)
028     c = solve_withLU!(smatrix_temp,bvector_temp)
029     #c = smatrix \ bvector #連立方程式を解く
030     hi = xdata[1+1]-xdata[1]
031     a[1] = (c[1+1]-c[1] - 2*b[1]*hi)/(3*hi^2)
032     for i=2:N-2
033         hi = xdata[i+1]-xdata[i]
034         b[i] = (3*(ydata[i+1]-ydata[i])-hi*(c[i+1]+2*c[i]))/hi^2
035         a[i] = (c[i+1]-c[i] - 2*b[i]*hi)/(3*hi^2)
```

```
036         end
037         hi = xdata[N]-xdata[N-1]
038         a[N-1] = (c[N]-c[N-1] - 2*b[N-1]*hi)/(3*hi^2)
039         return a,b,c
040     end
```

連立方程式を解くためのコードは第1章で作成した関数を用いました。係数を求めたあとは、与えられた x がどの区間にあるか調べ、係数を用いて補間値を計算します。これは、


```
001 function spline_interpolation(x,a,b,c,xdata,ydata)
002     @assert xdata[begin] <= x <= xdata[end] "補間の外の値です"
003     i = findfirst(xi -> xi >= x,xdata) -1
004     i = ifelse(i==0,1,i)
005     hx = x-xdata[i]
006     y = a[i]*hx^3 + b[i]*hx^2 + c[i]*hx + ydata[i]
007     return y
008 end
```

このような関数で可能です。この二つの関数を使えば

```
001 a,b,c = make_spline_coefficients(xdata,ydata)
002 x = 0.1
003 ys = spline_interpolation(x,a,b,c,xdata,ydata)
```

のような形で3次スプライン補間が可能です。これでも問題はないのですが、Dierckxと同様に引数を一つで呼び出せる方が便利です。それを実現する方法はいくつかありますが、ここでは三つ紹介します。まず一番単純なものは

```
001 a,b,c = make_spline_coefficients(xdata,ydata)
002 sp1(x) =  spline_interpolation(x,a,b,c,xdata,ydata)
```

です。これはsp1(x)という関数を定義したことになります。次に、二行を一つにまとめた関数として

```
001 function spline_func(xdata,ydata)
002     a,b,c = make_spline_coefficients(xdata,ydata)
003     return x -> spline_interpolation(x,a,b,c,xdata,ydata)
004 end
```

を作ることも可能です。最後に、structを使うことで、

```
001 struct Spline
002     xdata::Vector{Float64}
003     ydata::Vector{Float64}
004     a::Vector{Float64}
005     b::Vector{Float64}
006     c::Vector{Float64}
007     function Spline(xdata,ydata)
008         a,b,c = make_spline_coefficients(xdata,ydata)
009         return new(xdata,ydata,a,b,c)
010     end
011 end
012 function (s::Spline)(x)
013     spline_interpolation(x,s.a,s.b,s.c,s.xdata,s.ydata)
014 end
```

とすることもできます。これら二つの使い方は、

```
001 x = 0.1
002 sp2 = spline_func(xdata,ydata)
003 y = sp2(x)
004 sp3 = Spline(xdata,ydata)
005 y = sp3(x)
```

と見た目は全く同じです。(s::Spline)(x)というものは、Spline型の変数sがxを引数とする関数s(x)として振る舞うときの挙動を定義したものです。使い分けですが、例えば、スプライン補間を行ったときに使用したデータxdataとydataを後で参照したい場合には、Structを使った方が便利で、その場合にはsp3.xdataなどとすればデータを取り出すことができます。

ラグランジュ補間とスプライン補間の結果を比較するテストコードは例えば以下のようになります。

```
001 using Dierckx
002 function test05_spline()
003     f(x) = 1/(1+2x^3+4*x^12)
004     Ns = [8]
005     xmax = 3
006     xmin = 0
007     nmax = 100
008     xs = range(xmin,xmax,length=nmax)
009     yalldata = f.(xs)
010     plot(xs,yalldata,label="original",lw=2,color="black")
011     for N in Ns
012         xdata = range(xmin,xmax,length=N)
013         println(xdata)
014         ydata = f.(xdata)
015         myspl = spline_func(xdata,ydata)
016         myspl2 = Spline(xdata,ydata)
017         fhokan = lagrange(xdata,ydata)
018         spl = Spline1D(xdata, ydata)
019         yspl = spl.(xs)
020         println(myspl(0.3),"\t",myspl2(0.3))
021         @time yspl2 = myspl.(xs)
022         @time yspl2 = myspl2.(xs)
023         ys = fhokan.(xs)
024         plot!(xs,yspl2,label="Spline: order $N points")
025         plot!(xs,ys,label="Lagrange: order $N points")
026     end
027     savefig("hokan_spline.png")
028 end
029 test05_spline()
```

ここで、Dierckxパッケージを使っているため、実行にはadd Dierckxが必要です。

二つの補間の結果を比べてみると、下図のようになります。同じデータ点数においても、ラグランジュ補間よりも滑らかな関数が得られていることがわかります。

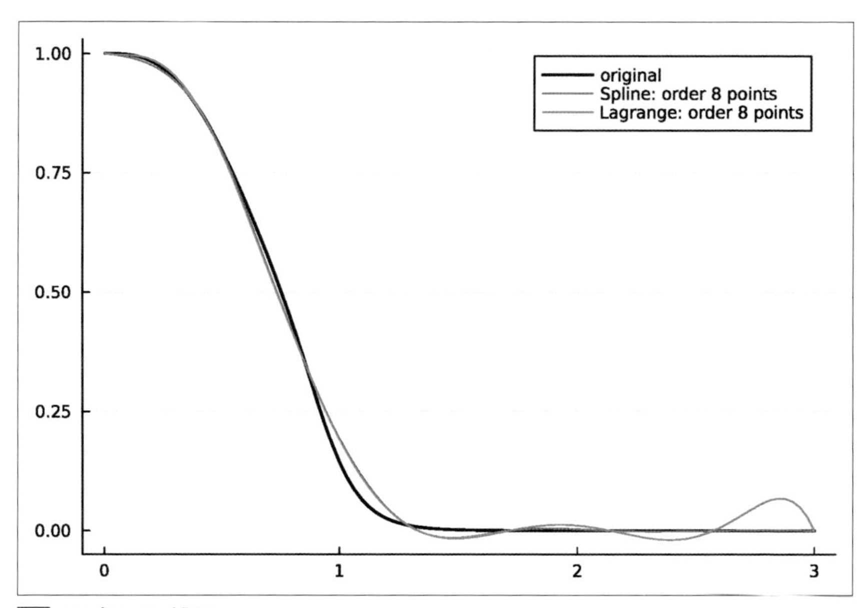

図 スプライン補間

5-3 線形回帰と最小二乗法

前節までは与えられたデータ点は必ず通る補間法について述べてきましたが、この節では与えられたデータ点を必ずしも通るとは限らない近似法について述べます。持っているデータ点にノイズが含まれる場合には、得られているデータ点を通るような関数よりも、得られているデータ点の近くを通る点の方が有用な場合があります。例えば、

$$y = 3x + 0.5\cos(10x)$$

という関数から作ったデータ点を下図に示しますが、このようなばらつきのあるデータ点をすべて通るような関数を考えるよりも、直線 $y = 3x$ を見つけ出した方がよいこともあるでしょう。そのような場合に使われる手法の一つに、最小二乗法があります。また、データを直線でフィッティングすることを線形回帰と呼びますが、これは機械学習分野におけるニューラルネットワークの一番シンプルなものとみなすこともできます。

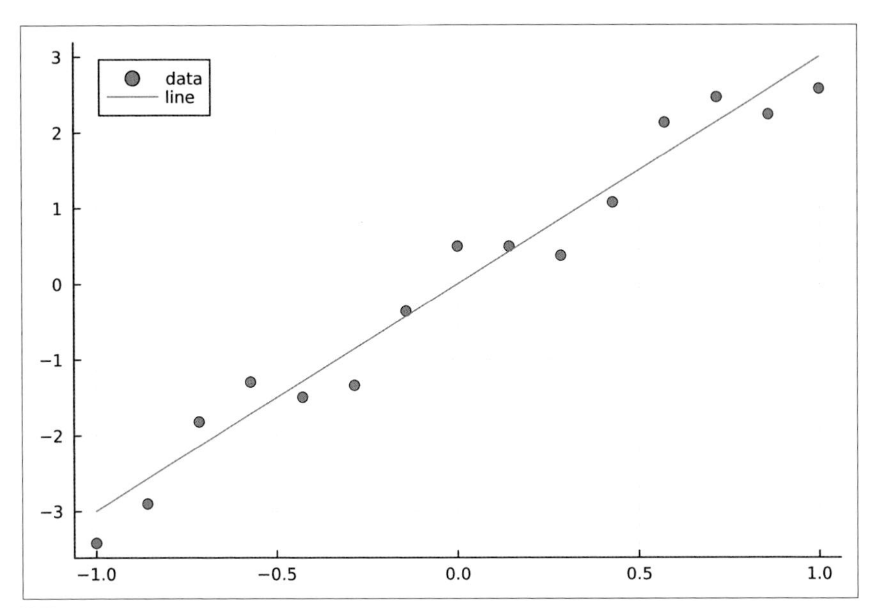

図 ノイズのあるデータの例

今、データ点が3点、(x_1, y_1) 、(x_2, y_2) 、 (x_3, y_3) があるとします。このデータ点の近くをなるべく通るような直線 $y = ax + b$ を決める、という問題を考えます。係数が a, b の2つでデータ点は3つあるため、通常、データ点3点すべてを通る直線を得ることはできません。そこで、それぞれの点と直線との差の二乗：

$$L(a, b) = \frac{1}{3}\sum_{i=1}^{3}((ax_i + b) - y_i)^2$$

という量 $L(a, b)$ を考え、この量が一番小さくなるような a, b を求めることにします。この L を平均二乗誤差と呼びます。 $L(a, b) \geq 0$ なので、最小値を求めるには L をaと b で微分すればいいでしょう。 a, b それぞれで微分しても構いませんが、計算の煩雑化を避けるため、

$$L(\vec{a}) = \frac{1}{3}(X\vec{a} - \vec{y})^T(X\vec{a} - \vec{y})$$

と変形します。ここで、

$$\vec{X} = \begin{pmatrix} x_1 & 1 \\ x_2 & 1 \\ x_3 & 1 \end{pmatrix}, \quad \vec{y} = \begin{pmatrix} y_1 \\ y_2 \\ y_3 \end{pmatrix}, \quad \vec{a} = \begin{pmatrix} a \\ b \end{pmatrix}$$

です。そして、$\partial L(\vec{a})/\partial \vec{a}$ がゼロになればいいので、

$$\frac{\partial L}{\partial \vec{a}} = \frac{2}{3} X^T (X\vec{a} - \vec{y}) = \vec{0}$$

という方程式を満たすような $\vec{a}$ を求めます。この方程式は簡単に解けて、

$$\vec{a} = (X^T X)^{-1} X^T \vec{y}$$

です。つまり、$X^T X\vec{a} = X^T \vec{y}$ という連立方程式さえ解ければ、3つのデータ点になるべく近い場所を通る直線を決めることができます。

データ点が増えた場合にも、上で述べた方法は同じように行列 X を定義することで使うことができます。これが最小二乗法です。

Q 例題 5.4

最小二乗法によって値を計算する関数を作成せよ。また、適当に生成した15個のデータ点に対してグラフを作成せよ。

A 解答

素朴にやる場合には、行列 X を作成してから連立方程式を解けばいいでしょう。行列 X を作成する関数を

```
001 function make_X(xdata)
002     n = length(xdata)
003     X = zeros(Float64,n,2)
004     for i=1:n
005         X[i,1] = xdata[i]
006         X[i,2] = 1
007     end
```

```
008         return X
009     end
```

と用意すると、最小二乗法による直線フィッティングは

```
001  function saisho(xdata,ydata)
002      X = make_X(xdata)
003      a = (X'*X) \ (X'*ydata)
004      println(a)
005      return x -> a[1]*x + a[2]
006  end
```

で求まります。コードの例ではprintln(a)としていますが、これで直線の傾きと接点を表示させています。データ点の x 成分を xdata = range(-1,1,length=15) とし、y 成分を先程の $y = 3x + 0.5\cos(10x)$ という関数から作ると、a=[3.0000000000000004, -0.04888469702940501] となり、ちゃんともっともらしい直線が得られていることがわかります。

上の方法だとデータ点の数が増えてくると行列 X のサイズが増えていきます。しかし、計算の上では $X^T X$ という 2×2 行列と $X^T \vec{y}$ という2成分ベクトルしか必要としないので、もう少しコードを書き換えることができます。つまり、n 個のデータ点 (x_i, y_i) がある場合、

$$X^T X = \sum_{i=1}^{n} \begin{pmatrix} x_i^2 & x_i \\ x_i & 1 \end{pmatrix}, \quad X^T \vec{y} = \sum_{i=1}^{n} \begin{pmatrix} x_i y_i \\ y_i \end{pmatrix}$$

という二つの行列とベクトルさえ作っておけば、最小二乗法の計算が可能です。データ点に関する和になっているため、データ点を逐次的に増やしていった際に係数 $\vec{a}$ がどのように変化するかということも追いかけることができます。具体的には、まず、上の式を評価する関数として、

```
001  function update_XtX_Xty!(XtX,Xty,x,y)
002      XtX[1,1] += x^2
003      XtX[1,2] += x
004      XtX[2,1] += x
005      XtX[2,2] += 1
006      Xty[1] += x*y
007      Xty[2] += y
```

```
008 end
```

を用意します。そして、最小二乗法に関する新しい型を定義：

```
001 struct Saisho
002     xdata::Vector{Float64}
003     ydata::Vector{Float64}
004     a::Vector{Float64}
005     XtX::Matrix{Float64}
006     Xty::Vector{Float64}
007 
008     function Saisho()
009         xdata = Vector{Float64}[]
010         ydata = Vector{Float64}[]
011         a = zeros(Float64,2)
012         XtX = zeros(Float64,2,2)
013         Xty = zeros(Float64,2)
014         return new(xdata,ydata,a,XtX,Xty)
015     end
016 end
```

し、データが入ってきた時の挙動を定義：

```
001 function add_data!(s::Saisho,x,y)
002     push!(s.xdata,x)
003     push!(s.ydata,y)
004     update_XtX_Xty!(s.XtX,s.Xty,x,y)
005     if length(s.xdata) > 2
006         s.a .= s.XtX \ s.Xty
007     end
008 end
```

すると、

```
001 function test05_saisho()
002     a = 3
003     b = 0.5
004     f(x) = a*x + b*cos(10*x)
005     xdata = range(-1,1,length=15)
006     ydata = f.(xdata)
007     s = Saisho()
008     for i=1:length(xdata)
009         add_data!(s,xdata[i],ydata[i])
010         println("a,b = $(s.a[1]) $(s.a[2])")
011     end
012 end
013 test05_saisho()
```


でテストすることができます。このコードを実行すると、

```
a,b = 0.0 0.0
a,b = 5.6105759032433 2.0969950689628
a,b = 5.224196336582643 1.7474135562698228
a,b = 3.8226430195742838 0.5460821416912316
a,b = 3.031693640007561 -0.0942102131961148
a,b = 3.158901758519441 0.002710258051032339
a,b = 3.4489874413230055 0.20991431719643558
a,b = 3.354168973236282 0.14670200513861967
a,b = 3.0762812266879256 -0.025323742724648487
a,b = 3.0080976729655573 -0.06428577342314476
a,b = 3.1375722769269907 0.00353425722332028
a,b = 3.1893898682298696 0.028209300700881536
a,b = 3.0855348617328056 -0.016299987797860266
a,b = 3.0000000000000004 -0.04888469702940501
```

となり、データを次から次へと入れることで係数 a を改善されていくことがわかります。そして、上で紹介した X を直接計算する結果と同じaが得られていることが確認できます。

5-4 線形重回帰

上の最小二乗法ではデータ点を直線で当てはめていました。このような直線を引いてデータを解析することを線形回帰と呼びます。データ点が直線に乗りそうな形に分布している場合はこの方法でいいのですが、他の場合も当然あります。このような時は線形重回帰というものがあります。データ点が m 個あったとして、それらデータ点の集まりを

$$\tilde{y}(x) = \sum_{k=1}^{N+1} a_{k-1} x^{k-1}$$

という N 次の多項式で近似することを考えます。データ点すべてを通るような多項式は、ラグランジュ補間としてすでに紹介しています。ここでは、データ点にはノイズや誤差が含まれており、必ずしもデータ点を通る必要がない場合を考えます。この場合も最小二乗法によって

$$L(\vec{a}) = \frac{1}{m} \sum_{i=1}^{m} (\tilde{y}(x_i) - y_i)^2$$

で定義される平均二乗誤差 L を最小化するような係数を求めればよさそうです。このときの行列 X の行列要素は

$$[X]_{ik} = x_i^{k-1}$$

です。そして、 $X^T X$ の行列のサイズは $(N+1) \times (N+1)$ となります。この行列 X を用いて $[\vec{a}]_k \equiv a_{k-1}$ を求めることができます。これをさらに一般化すると、近似に用いる関数を

$$\tilde{y}(x) = \sum_{k=1}^{N+1} a_{k-1} g_{k-1}(x)$$

とすると、自分で用意した $N+1$ 個の関数 $g_{k-1}(x)$ によって関数を近似することができ、その係数を計算することができます。

例として、

$$y = x^3 + 4x^2 + x + 10 + 0.5\cos(10x)$$

という関数を

$$g_0(x) = 1,\ g_1(x) = x,\ g_2(x) = x^2,\ g_3(x) = x^3$$

という関数で近似すること考えます。

Q 例題 5.5

線形重回帰を用いて値を計算する関数を作成せよ。また、例として示した関数から作った15点に対してグラフを作成せよ。

A 解答

最小二乗法の例題の解答例で示した型を利用して関数を作成してみます。線形回帰は $g_0(x) = 1,\ g_1(x) = x$ という二つの関数によって近似していたと考えれば、今回は四つです。従って、$X^T X$ と $X^T \vec{y}$ を更新する関数を、

```
001 function update_XtX_Xty!(XtX,Xty,x,y,functions)
002     n = length(functions)
003     for i=1:n
004         for j=1:n
005             XtX[j,i] += functions[i](x)*functions[j](x)
006         end
007         Xty[i] += functions[i](x)*y
008     end
009 end
```

とします。ここで、任意の $g_n(x)$ に対応できるように、関数が入った配列としてfunctionsを引数にしました。次に、新しい型を

```
001 struct Multiregression
002     xdata::Vector{Float64}
003     ydata::Vector{Float64}
004     a::Vector{Float64}
005     XtX::Matrix{Float64}
006     Xty::Vector{Float64}
```

```
007     functions::Vector{Function}
008
009     function Multiregression(functions)
010         xdata = Vector{Float64}[]
011         ydata = Vector{Float64}[]
012         numfunc = length(functions)
013         a = zeros(Float64,numfunc)
014         XtX = zeros(Float64,numfunc,numfunc)
015         Xty = zeros(Float64,numfunc)
016         return new(xdata,ydata,a,XtX,Xty,functions)
017     end
018 end
```

と定義します。ここでは、Multiregression型を作るときにどのような $g_n(x)$ を指定するようにしました。あとは、最小二乗法の時と同様に他の関数を定義

```
001 function add_data!(s::Multiregression,x,y)
002     push!(s.xdata,x)
003     push!(s.ydata,y)
004     update_XtX_Xty!(s.XtX,s.Xty,x,y,s.functions)
005     if length(s.xdata) > 2
006         s.a .= s.XtX \ s.Xty
007     end
008 end
009
010 function (s::Multiregression)(x)
011     return sum([s.a[i]*s.functions[i](x) for i=1:length(s.functions)])
012 end
```

します。これで、

```
001 function test05_multiregression()
002     f(x) =x^3 + 4*x^2  + x + 10 + 0.5*cos(10x)
003     xdata = range(-1,1,length=15)
004     ydata = f.(xdata)
005 
006     functions = [x -> 1,x -> x, x-> x^2, x -> x^3]
007 
008     s = Multiregression(functions)
009     for i=1:length(xdata)
010         add_data!(s,xdata[i],ydata[i])
011         for i = 1:length(s.a)
012             println("$i $(s.a[i])")
013         end
014     end
015     ys = s.(xdata)
016     plot(xdata,ydata,label="data",seriestype=:scatter)
017     plot!(xdata,ys,label="line")
018     savefig("multi.png")
019 end
020 test05_multiregression()
```

で線形重回帰による関数フィッティングを行うことができます。ここで、x - > x^2などはJuliaの「無名関数」という機能で、左辺を変数とする関数を作ります。そのため、f(x) = x^2と等価です。

実行結果は、

```
(前半省略)
1 9.941607495062515
2 0.6145552078054015
3 4.536453043953334
4 2.2741871777194884
1 10.046661207123197
2 0.8680370812245539
3 3.8345032406387594
4 1.3187555009857606
1 10.081072463206288
2 1.0000000000000004
```

```
3 3.6588624543813055
4 1.0000000000000002
```

のようになります。データを追加するごとに多項式の関数の係数を表示していますが、だんだんとオリジナルの関数の係数に近づいていることがわかります。

得られたグラフ（下図）も関数をよくフィッティングできていることを示しています。

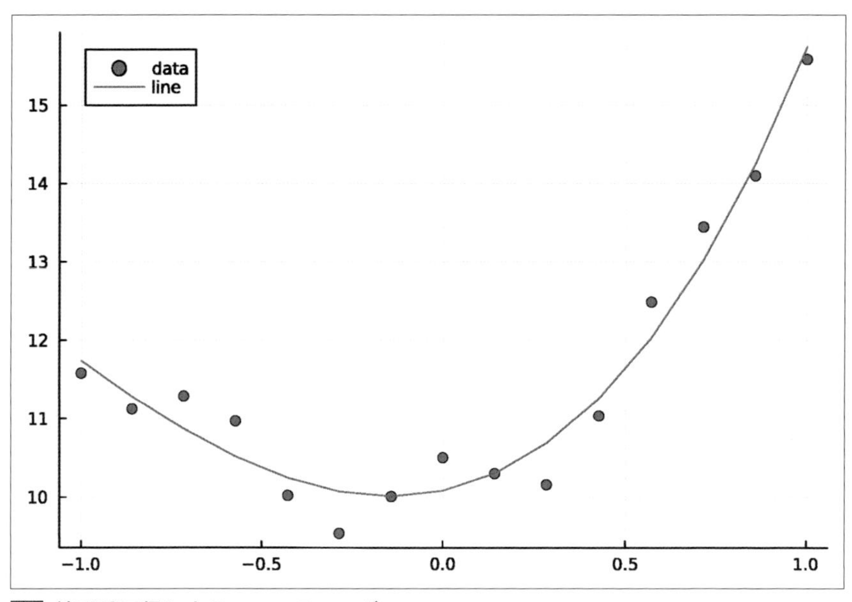

図 線形重回帰によるフィッティング

5-5 ニューラルネットワークによる関数近似

2010年代以降、機械学習分野の爆発的進展がおきました。その分野の基礎となる用語が「ニューラルネットワーク」です。ニューラルネットワークに関しては近年非常に多くの文献やウェブ上の情報がありますので、ここでは詳細については述べません。しかし、線形回帰や線形重回帰による関数近似とニューラルネットワークによる関数近似はよく似ているため、ニューラルネットワークがどのようなものかについて述べることにします。

線形回帰では関数は、

$$\tilde{y}(x) = ax + b$$

でしたが、線形重回帰では、

$$\tilde{y}(x) = \vec{a}^T \vec{g}(x) + b$$

という形をしていました。関数が直線であれば線形回帰でうまくフィットできますが、直線から大きく異なるような関数では、線形回帰はうまくいきません。そこで、線形重回帰ではいい感じの $g_n(x)$ を自分で決めることで、曲線をフィットしました。しかし、$g_n(x)$ は問題によって適切なものが異なりますから、問題によってこの関数の形も最適化して決めることができれば、よりよくフィッティングできそうです。そこで、

$$\vec{g}(x) = \sigma(W_1 x + \vec{b}_1)$$

という関数形を仮定します。ここで、$\vec{g}(x)$ が要素数 M のベクトルとすると、$\vec{b}_1$ も要素数 M のベクトル、W_1 は $M \times 1$ の行列です。関数 $\sigma(\vec{x})$ は活性化関数と呼ばれ、ベクトル $\vec{x}$ の要素それぞれに独立に関数を作用させる（$[\sigma(\vec{x})]_i = \sigma(\vec{x}_i)$ と定義される）関数です。機械学習分野ではReLU（レルー、あるいは、レールーと読むことが多いです。Rectified Linear Unitの略）と呼ばれる活性化関数：

$$\sigma(x) = \begin{cases} 0 & x < 0 \\ x & x \geq 0 \end{cases}$$

が使われることが多いです。$\vec{b}_1$ と W_1 はフィッティングのために最適化する変数

です。上で定義した $\vec{g}(x)$ を線形重回帰の式に代入すると、

$$\tilde{y}(x) = \vec{a}^T \sigma(W_1 x + \vec{b}_1) + b$$

となります。この式の中で、$\vec{a}$ 、W_1 、$\vec{b}_1$ 、 b がフィッティングのために変化させる変数です。実は、このような形で表現された関数が、隠れ層1層のニューラルネットワーク、と呼ばれています。そして、 M が十分に大きいとき、この近似関数は任意の連続関数を表現できることが数学的に証明されています（Universal Approximation Theorem　万能近似定理)。そのため、ニューラルネットワークは機械学習において無くてはならないパーツとして使われているのです。なお、上の式を見ると、もし非線形関数 σ がなければ、 $\vec{a}^T W_1$ が 1×1 になってしまい、線形回帰と同じ表現力に戻ってしまうことがわかります。

M の数を増やすと表現能力が上がりますが、それ以外の方法も取られています。線形回帰から線形重回帰にするにあたってインプットの x を $g_n(x)$ に変えたのと同じように、 $\vec{g}(x) = \sigma(W_1 x + \vec{b}_1)$ のインプット x も別の関数 $f_n(x)$ に置き換えても構わないはずです。つまり、

$$\begin{aligned} \vec{g}(x) &= \sigma(W_2 \vec{f}(x) + \vec{b}_2) \\ \vec{f}(x) &= \sigma(W_1 x + \vec{b}_1) \end{aligned}$$

という入れ子構造にしてもよいです。ここで、 $\vec{f}(x)$ の要素数を M_1 、 $\vec{g}(x)$ の要素数を M_2 とすると、 W_1 は $M_1 \times 1$ 行列、 $\vec{b}_1$ は要素数 M_1 のベクトル、 W_2 は $M_2 \times M_1$ 行列、 $\vec{b}_2$ は要素数が M_2 のベクトルとなります。このようにすると係数の数が増えたことにより表現力が上がります。このような関数は、隠れ層2層のニューラルネットワークと呼ばれます。そして、 $\vec{f}(x)$ に現れる x も別の関数 $h_n(x)$ に変更しても構わないため、この入れ子構造はいつまでも続けることができます。この入れ子構造の数を層の数と呼んで、層の数が100などになってくると、ディープニューラルネットワークと呼ばれます。

どのような層の数のニューラルネットワークであっても、あるデータ点を近似するということは、線形回帰と同様に平均二乗誤差：

$$L(\vec{\theta}) = \frac{1}{m} \sum_{i=1}^{m} (\tilde{y}_{\vec{\theta}}(x_i) - y_i)^2$$

が一番小さくなるようなモデル $\tilde{y}_{\vec{\theta}}(x)$ を求める問題となっています。ここで $\vec{\theta}$ は二

ューラルネットワーク中に現れる W_1 や W_2 をまとめたもの $\vec{\theta} = (W_1, W_2, \cdots)$ です。最適な係数を決めるためには、すべての係数に対して

$$\frac{\partial L(\vec{\theta})}{\partial \theta_i} = 0$$

となるような $\vec{\theta}$ を見つければよいということになります。ただし、線形回帰のときと違って、上の方程式を満たすような $\vec{\theta}$ を手で求めることはできません。そのため、さまざまな手法が開発されています。本書の範囲を超えるので詳細は機械学習関連の書籍を参照してもらうことにして、ここではJuliaの機械学習フレームワークFluxを使ったニューラルネットワークによる関数近似を扱います。このパッケージでは、$\frac{\partial L(\vec{\theta})}{\partial \theta_i}$ を自動微分という技術で数値誤差なしに計算を行います。また、得られた微分値を用いて $L(\vec{\theta})$ の最小化を行うことができます。

Q 例題 5.6

Flux.jlを用いて、隠れ層1層のニューラルネットワークを作成し、線形重回帰の場合に用いた例題に対して関数近似を実行し、グラフを作成せよ。その際、活性化関数をReLUとtanhの二種類を用いて、それぞれのグラフを作成し比較せよ。

A 解答

Fluxというパッケージをインストールするため、REPLで]キーを押してパッケージモードにしてからadd Fluxを行います。Flux.jlでニューラルネットワークを作るのは簡単です。モデルの作成と訓練を行うコードは

```
001 using Flux
002 function NNfit(xdata,ydata,M,numtrain,σ)
003     model = Chain(x -> [x],Dense(1,M,σ),Dense(M,1),x -> x[1])
004     opt = Flux.setup(Adam(), model)
005     numdata = length(xdata)
006     for i=1:numtrain
007         lossvalue = 0.0
```

```
008         for i=1:numdata
009             x = xdata[i]
010             y = ydata[i]
011             loss, grads = Flux.withgradient(model) do m
012                 y_hat = m(x)
013                 Flux.mse(y_hat, y)
014             end
015             Flux.update!(opt, model, grads[1])
016             lossvalue += loss
017         end
018         lossvalue /= numdata
019         if i % 100 == 0
020             println("$i $lossvalue")
021         end
022     end
023     return model
024 end
```

となります。ここで、`Chain(x -> [x],Dense(1,M,σ),Dense(M,1),x -> x[1])`は、「xという入力を配列にする」、「入力1要素、出力M要素で、活性化関数が σ の層を作る」、「入力M要素、出力1要素の層を作る」「得られたものは長さ1の配列なので、通常の数字にする」というものを一つにしたものです。`opt = Flux.setup(Adam(), model)`は関数を最小化する方法を指定していまして、ここではAdamというものを指定してします。`loss, grads = Flux.withgradient(model) do m`のブロックでは、$L(\vec{\theta})$ とその微分を計算しています。そして、`Flux.update!(opt, model, grads[1])`で、計算した微分を用いてニューラルネットワークの係数をアップデートしています。この関数を用いてフィッティングするには、

```
001 using Flux
002 function test05_NNfit()
003     f(x) =x^3 + 4*x^2  + x + 10 + 0.5*cos(10x)
004     xdata = range(-1,1,length=15)
005     ydata = f.(xdata)
006 
007     M = 10
008     numtrain = 10000
009     σ = relu
010     model_relu =  NNfit(xdata,ydata,M,numtrain,σ)
011     σ(x) = tanh(x)
012     model_tanh =  NNfit(xdata,ydata,M,numtrain,σ)
013 
014     ys_relu = model_relu.(xdata)
015     ys_tanh = model_tanh.(xdata)
016     plot(xdata,ydata,label="data",seriestype=:scatter)
017     plot!(xdata,ys_relu,label="relu")
018     plot!(xdata,ys_tanh,label="tanh")
019     savefig("NNfit_$(M).png")
020 end
021 test05_NNfit()
```

などとします。これを実行した結果は次の図です。活性化関数による違いが見えています。これは、隠れ層一層のニューラルネットワークの場合には活性化関数を通した後の値を足し合わせる形になっているためです。ReLUの場合は折れ線の足しあげでカクカクとしたフィッティングとなっています。

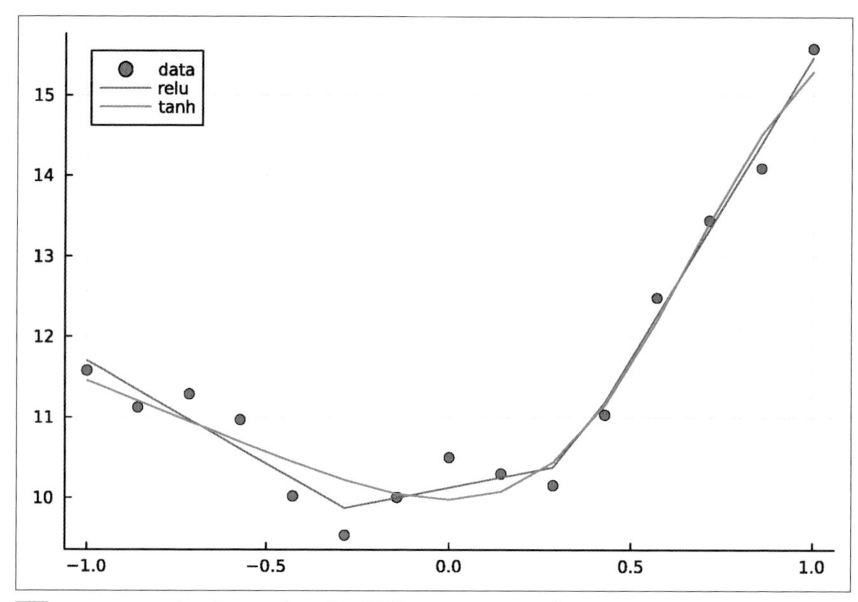

図 ニューラルネットワークによる関数フィッティング

5-6 作成した関数

本章で作成した関数とその機能についてです。これらは`05.jl`に定義されているはずです。

- `lagrange(xdata,ydata)`:ラグランジュ補間
- `spline_func(xdata,ydata)`:スプライン補間を行う関数を作成する
- `Spline(xdata,ydata)`:スプライン補間を行う関数を作成する(structを使用)
- `Saisho()`:最小二乗法を行うstruct
- `add_data!(s::Saisho,x,y)`:最小二乗法のデータを追加し、係数を更新する
- `Multiregression(functions)`:線形重回帰を行う
- `add_data!(s::Multiregression,x,y)`:線形重回帰のためのデータを追加し、係数を更新する
- `(s::Multiregression)(x)`:線形重回帰での近似値を与える
- `NNfit(xdata,ydata,M,numtrain,σ)`:ニューラルネットワークを使った近似関数を作る

CHAPTER 6 常微分方程式

科学技術計算においては、さまざまな種類の微分方程式が現れます。そして、微分方程式は大きく分けて二種類あります。常微分方程式と偏微分方程式です。偏微分方程式については次の章で説明することとして、この章では常微分方程式の解法について述べます。

6-1 解析解の導出

基本的な一階常微分方程式は、y が x の関数であるときに、y の x 微分が

$$\frac{dy}{dx} = f(x, y)$$

のように定義されています。x を独立変数、y を未知関数と呼びます。一般的には、x の関数が $y_1(x), \cdots, y_N(x)$ のように複数ある場合、

$$\frac{dy_1}{dx} = f_1(x, y_1, \cdots, y_N)$$
$$\vdots$$
$$\frac{dy_N}{dx} = f_N(x, y_1, \cdots, y_N)$$

という N 本の常微分方程式の連立方程式となります。また、m 階の常微分方程式が

$$\frac{d^m y}{dx^m} = f\left(x, y, \frac{dy}{dx}, \cdots, \frac{d^{m-1}y}{dx^{m-1}}\right)$$

のような形で書かれている場合は、

$$
\begin{aligned}
\frac{dy}{dx} &= y_1 \\
\frac{dy_1}{dx} &= y_2 \\
&\vdots \\
\frac{dy_{m-1}}{dx} &= y_m \\
\frac{dy_m}{dx} &= f(x, y, y_1, \cdots, y_{m-1})
\end{aligned}
$$

のように $y_1, \cdots, y_m$ を定義することで一階の常微分方程式の解法を用いることができます。

例えば、ニュートン力学における運動方程式は、1次元系の場合には、力 F と加速度 a を用いて

$$
F = ma = m\frac{d^2x}{dt^2}
$$

となりますが、加速度 a は速度 v の時間に関する一階微分（ $a = dv/dt$ ）、速度 v は位置 x に関する一階微分（ $v = dx/dt$ ）なので、

$$
\begin{aligned}
\frac{dv}{dt} &= \frac{F}{m} \\
\frac{dx}{dt} &= x
\end{aligned}
$$

という時間 t に関する一階連立常微分方程式となっています。

一階常微分方程式の例として、

$$
\frac{dy}{dx} = y
$$

を考えてみます。この微分方程式は

$$
y = Ce^x
$$

という一般解を持ちます。係数 C は境界条件や初期条件などで決められます。数値計算でこの微分方程式を解く場合には未知係数 C が含まれたまま解くことはできませんので、最初に何らかの境界条件や初期条件が与えられる必要があります。例え

ば、 $x = 0$ で $y = 1$ という条件があった場合、 $C = 1$ です。一般的には、変数が N 個ある一階微分方程式を数値的に解くためには N 本の境界条件の式が必要となります。 m 階の常微分方程式の場合は、 m 本の一階常微分方程式になるため、 m 本の境界条件が必要です。

以下では、オイラー法やルンゲ・クッタ法を用いて常微分方程式を解く方法を紹介します。 サンプルの常微分方程式として、下記の一階常微分方程式：

$$\frac{dy}{dx} = y - 2x$$
$$y(0) = 1$$

を数値的に解くことを考えます。数値的に解く、という意味は、ある決められた範囲における方程式の解を得るという意味です。例えば、 $x = 0$ から $x = 1$ までの y の値を刻み幅 0.02 で求める、などが考えられる問題です。なお、この例題は手で解くことができて、解析解は

$$y = -e^x + 2x + 2$$

です。

6-2 オイラー法

オイラー法では、一階微分を

$$\frac{dy}{dx} \sim \frac{y(x+h) - y(x)}{h}$$

のように近似します。この近似は、 $y(x+h)$ と $y(x-h)$ の x の周りでのTayler展開：

$$y(x+h) = y(x) + \frac{dy}{dx}h + \frac{1}{2}\frac{d^2y}{dx^2}h^2$$
$$y(x-h) = y(x) - \frac{dy}{dx}h + \frac{1}{2}\frac{d^2y}{dx^2}h^2$$

の差を取ることで得られます。 h が十分に小さければTayler展開の高次の項は無視できるでしょう。

近似を行った結果、微分方程式は

$$\frac{y(x+h)-y(x)}{h}=f(x,y)$$

という形になり、

$$y(x+h)=hf(x,y)+y(x)$$

という式が得られます。この式は、「x における y の値がわかっているとき、$x+h$ における y の値を決める」という式と見なすことができます。そこで、初期値として $x=0$ での y の値が与えられていれば、h だけ大きな $x+h$ における y の値を得ることができます。それを使ってまた h だけ大きな $x+2h$ における y の値を評価できますから、次々と式を評価していくことができます。これがオイラー法です。

Q 例題 6.1

オイラー法を用いて、サンプルの常微分方程式を解く関数を作成せよ。xは0から1までとする。刻み幅は0.01と0.02でそれぞれプロットし、解析解と比較せよ。

A 解答

例えば、オイラー法は、

```
001 function euler(x0,xend,f,y0,h)
002     x = x0
003     y = y0
004     xdata = []
005     ydata = []
006     push!(ydata,y0)
007     push!(xdata,x0)
008     while x <= xend
009         x += h
010         y += h*f(x,y)
011         push!(ydata,y)
```

```
012            push!(xdata,x)
013        end
014        return xdata,ydata
015    end
```

のような関数で実装することができます。解析解と比較する場合は

```
001 using Plots
002 function test06_euler()
003     x0 = 0
004     xend = 1
005     h = 0.02
006     y0 = 1.0
007     f(x,y) = y -2*x
008     yexact(x) = -exp(x) + 2*x + 2
009 
010     xdata,ydata = euler(x0,xend,f,y0,h)
011     plot(xdata,ydata,label = "Euler: h = 0.02")
012     xdata,ydata2 = euler(x0,xend,f,y0,0.01)
013     plot!(xdata,ydata2,label = "Euler: h = 0.01")
014     yexactdata = yexact.(xdata)
015     plot!(xdata,yexactdata,label = "Analytical")
016     savefig("Euler.png")
017 end
018 test06_euler()
```

とします。得られた結果は下図になります。刻み幅を小さくすることで精度が上がっていることは見てとれますが、 $x > 0.5$ ではそれなりにずれてしまっていることがわかります。これは、 $x = 0$ から順番に解いているために、微分を差分にした誤差が x が大きくなるにつれ拡大していくからです。

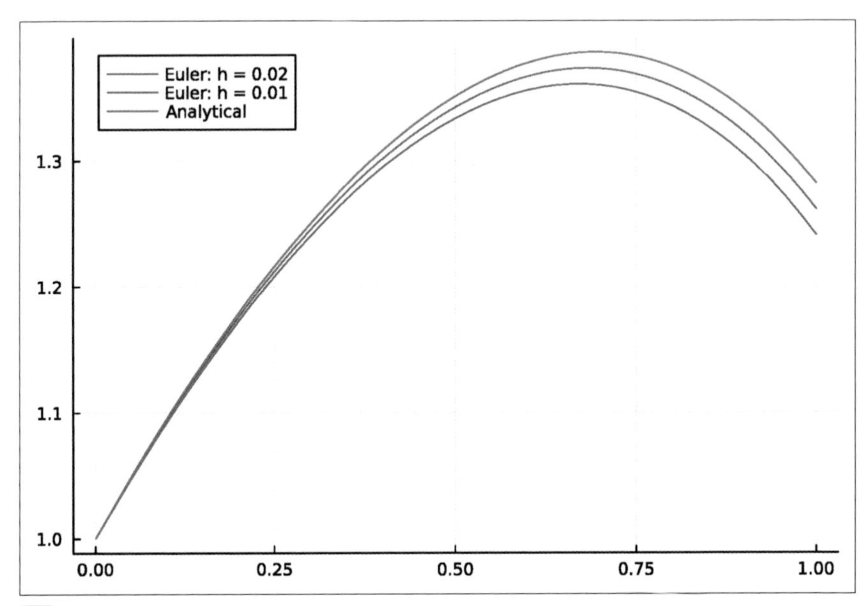

図 オイラー法による結果

6-3 ルンゲ・クッタ法

オイラー法よりも精度良く微分方程式を解く方法として、ルンゲ・クッタ法があります。常微分方程式が

$$\frac{dy(x)}{dx} = f(x, y(x))$$
$$y(x_0) = y_0$$

のような形になっているとします。この微分方程式の両辺を $x = x_n$ から $x = x_{n+1}$ まで x で積分すると、

$$\int_{x_n}^{x_{n+1}} dx \frac{dy(x)}{dx} = \int_{x_n}^{x_{n+1}} dx f(x, y(x))$$
$$y(x_{n+1}) - y(x_n) = \int_{x_n}^{x_{n+1}} dx f(x, y(x))$$

となります。ここで、x_{n+1} と x_n の差を $h \equiv x_{n+1} - x_n$ とし、

$$x = x_n + hx'$$

とすると、上式は

$$y(x_{n+1}) = y(x_n) + h\int_0^1 dx' f(x_n + hx', y(x_n + hx'))$$

と変形できます。これで、$y(x_n)$ がわかっているとき、距離 h だけ離れた点 x_{n+1} における値 $y(x_{n+1})$ が「第二項の積分さえ評価できれば」求まる形になりました。計算機上では積分を評価することはできないため、この積分を近似することを考えます。積分を

$$y(x_{n+1}) = y(x_n) + h\sum_{i=1}^{s} b_i f(x_n + hc_i, y(x_n + hc_i))$$

のように離散点における和として表現します。この方法を s 段ルンゲ・クッタ法と呼びます。

一番簡単な方法として $s = 1$ を考えましょう。この場合は点を1点しか使いません。x_n における $y(x_n)$ はわかっていますが、積分範囲は $x = x_n$ から $x = x_n + h$ です。この積分範囲の中で、関数 $f(x, y(x))$ が一定であると近似すると、

$$\begin{aligned} h\int_0^1 dx' f(x_n + hx', y(x_n + hx')) &\sim h\int_0^1 dx' f(x_n, y(x_n)) \\ &= hf(x_n, y(x_n)) \end{aligned}$$

となり、

$$y(x_{n+1}) = y(x_n) + hf(x_n, y(x_n))$$

が得られます。これはオイラー法そのものです。

次は $s = 2$ を考えます。$s = 2$ ですから、積分範囲を2つに分割し、

$$h \int_0^1 dx' f(x_n + hx', y(x_n + hx')) = h \int_0^{1/2} dx' f(x_n, y(x_n)) + h \int_{1/2}^1 dx' f(x_n, y(x_n))$$

とします。そして、$s = 1$ のときのように、$0 < x' < 1/2$ の範囲では f が変化しないと近似すると、

$$h \int_0^{1/2} dx' f(x_n, y(x_n)) = \frac{h}{2} f(x_n, y(x_n)) \equiv hk_1$$

となり、$x_n + h/2$ での y の値は

$$y(x_n + h/2) = y(x_n) + hk_1$$

と求めることができます。次に、積分範囲の後半では、この $y(x_n + h/2)$ を使って

$$h \int_{1/2}^1 dx' f(x_n, y(x_n)) \sim \frac{h}{2} f(x_n + h/2, y(x_n + h/2))$$

とします。以上より、

$$y(x_{n+1}) = y(x_n) + \frac{h}{2} (f(x_n, y(x_n)) + f(x_n + h/2, y(x_n) + hk_1))$$

となります。これが2段のルンゲ・クッタ法です。

ルンゲ・クッタ法としてよく使われるのは、$s = 4$ の4段4次のルンゲ・クッタ法です。この場合、積分は

$$h \int_0^1 dx' f(x_n + hx', y(x_n + hx')) \sim \frac{h}{6} (k_1 + 2k_2 + 2k_3 + k_4)$$

と近似されます。ここで、

$$\begin{aligned}
k_1 &= f(x_n, y(x_n)) \\
k_2 &= f(x_n + h/2, y(x_n) + hk_1/2) \\
k_3 &= f(x_n + h/2, y(x_n) + hk_2/2) \\
k_4 &= f(x_n + h, y(x_n) + hk_3)
\end{aligned}$$

となっています。その結果、

$$y(x_{n+1}) = y(x_n) + \frac{h}{6}(k_1 + 2k_2 + 2k_3 + k_4)$$

という4段4次のルンゲ・クッタ法が得られます。

一般の場合、 s 段のルンゲ・クッタ法は

$$y(x_{n+1}) = y(x_n) + h\sum_{i=1}^{s} b_i k_i$$

で与えられます。ここで、 k_i は逐次的に

$$\begin{aligned}
k_1 &= f(x_n, y(x_n)) \\
k_2 &= f(x_n + c_2 h, y(x_n) + a_{21} h k_1) \\
k_3 &= f(x_n + c_3 h, y(x_n) + a_{31} h k_1 + a_{32} h k_2) \\
&\vdots \\
k_s &= f\left(x_n + c_s h, y(x_n) + h\sum_{i=1}^{s-1} a_{s,i} k_i\right)
\end{aligned}$$

と計算されます。

ここで、係数 $a_{s,i}$, b_i , c_s はさまざまなものが提案されていて、どのようなルンゲ・クッタ法であるかを見るために、ブッチャー配列(Butcher tableau)という表

$$
\begin{array}{c|ccccc}
0 & & & & & \\
c_2 & a_{21} & & & & \\
c_3 & a_{31} & a_{32} & & & \\
\vdots & \vdots & & \ddots & & \\
c_s & a_{s,1} & a_{s,2} & \cdots & a_{s,s-1} & \\
\hline
 & b_1 & b_2 & \cdots & b_{s-1} & b_s
\end{array}
$$

が使われています。この表を使うと、上で紹介したオイラー法と2段ルンゲ・クッタ法は、

$$
\begin{array}{c|c}
0 & \\
\hline
 & 1
\end{array}
,\quad
\begin{array}{c|cc}
0 & & \\
\frac{1}{2} & \frac{1}{2} & \\
\hline
 & 0 & 1
\end{array}
$$

と表現されます。4段4次のルンゲ・クッタ法は、

$$
\begin{array}{c|cccc}
0 & & & & \\
\frac{1}{2} & \frac{1}{2} & & & \\
\frac{1}{2} & 0 & \frac{1}{2} & & \\
1 & 0 & 0 & 1 & \\
\hline
 & \frac{1}{6} & \frac{1}{3} & \frac{1}{3} & \frac{1}{6}
\end{array}
$$

となります。

例題 6.2

4段4次のルンゲ・クッタ法を用いて、サンプルの常微分方程式を解く関数を作成せよ。xは0から1までとする。刻み幅は0.01と0.02でそれぞれプロットし、解析解と比較せよ。

解答

オイラー法の関数を若干修正するだけで関数を作ることができます。例えば、

```
001 function rk4(x0,xend,f,y0,h)
002     x = x0
003     y = y0
004     xdata = []
005     ydata = []
006     push!(ydata,y0)
007     push!(xdata,x0)
008     while x <= xend
009         k1 = f(x,y)
010         k2 = f(x+h/2,y+h*k1/2)
011         k3 = f(x + h/2,y+h*k2/2)
012         k4 = f(x + h,y + h*k3)
013         y += (h/6)*(k1+2k2+2k3+k4)
014         x += h
015         push!(ydata,y)
016         push!(xdata,x)
017     end
018     return xdata,ydata
019 end
```

とすれば、4段4次のルンゲ・クッタ法です。これを使ってプロットするには、

```
001 function test06_rk4()
002     x0 = 0
003     xend = 1
004     h = 0.02
```

```
005        y0 = 1.0
006        f(x,y) = y -2*x
007        yexact(x) = -exp(x) + 2*x + 2
008
009        xdata,ydata = rk4(x0,xend,f,y0,h)
010        plot(xdata,ydata,label = "Runge-Kutta: h = 0.02")
011        xdata,ydata2 = rk4(x0,xend,f,y0,0.01)
012        plot!(xdata,ydata2,label = "Runge-Kutta: h = 0.01")
013        yexactdata = yexact.(xdata)
014        plot!(xdata,yexactdata,label = "Analytical")
015        savefig("RK4.png")
016    end
017    test06_rk4()
```

とします。得られた結果は

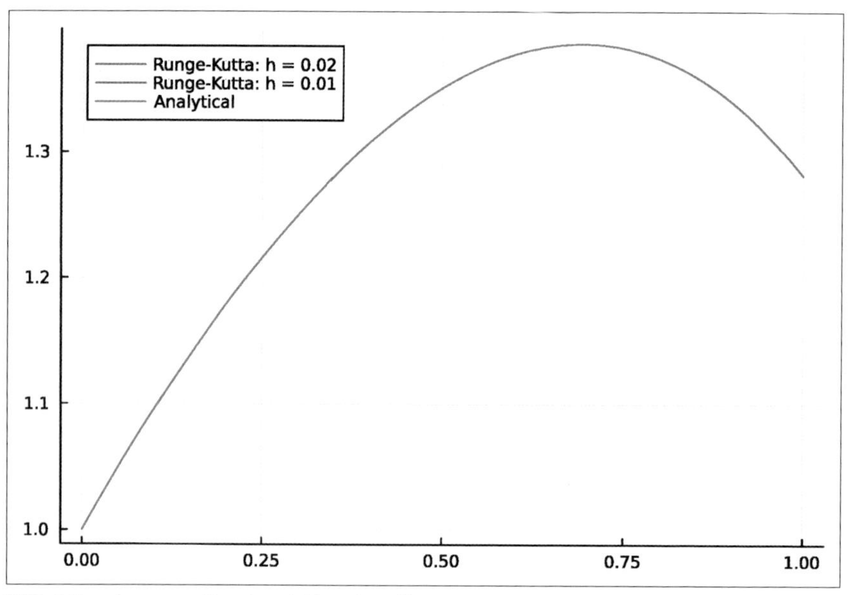

図 4段4次のルンゲ・クッタ法による結果

となります。オイラー法と違って、解析解とのずれが目では見えません。

なお、ブッチャー配列を使ったより一般的な関数は

```
001 function runge_kutta(x0,xend,f,y0,h,a,b,c)
002     x = x0
003     y = y0
004     xdata = []
005     ydata = []
006     push!(ydata,y0)
007     push!(xdata,x0)
008     s = length(c)
009     k = zeros(s)
010     while x <= xend
011         k[1] = f(x,y)
012         for i=2:s
013             yp = y
014             for j=1:i-1
015                 yp += h*a[i,j]*k[j]
016             end
017             k[i] = f(x + c[i]*h,yp)
018         end
019 
020         for i=1:s
021             y += h*b[i]*k[i]
022         end
023         x += h
024         push!(ydata,y)
025         push!(xdata,x)
026     end
027     return xdata,ydata
028 end
```

のようになります。この関数の場合、ブッチャー配列で用いられた a , b , c を引数に入れることで任意の段数のルンゲ・クッタ法を実行することができます。

6-4 適応型ルンゲ・クッタ法：刻み幅の自動調整

ルンゲ・クッタ法はオイラー法と比べて精度がいいですが、関数の変化が急激な場合には刻み幅 h を小さくしなければ積分をうまく評価できません。一方、ある領域で急激に変化し他の部分ではゆっくりとした変化する関数の場合、急激な変化に合わせて刻み幅 h を小さくしておくと、ゆっくりとした変化の部分では無駄に細かく計算してしまっていることになります。この問題を回避するための方法が、適応型ルンゲ・クッタ法（あるいは埋め込み型ルンゲ・クッタ法）です。この方法では、関数の細かさに合わせて自動的に刻み幅を変更します。その仕組みについて見ていきましょう。

先ほどから登場している s 段 p 次ルンゲ・クッタ法の s はブッチャー配列が何段あるかに対応していました。p 次の p はルンゲ・クッタ法の誤差が刻み幅に対してどの程度あるかを示す数字で、$x = x_n$ における真の解を $y_{\mathrm{true}}(x_n)$ とすると、p 次ルンゲ・クッタ法による結果 $y(x_n)$ は

$$y(x_n) - y_{\mathrm{true}}(x_n) = \mathcal{O}(h^p)$$

という誤差を持ちます。ここで、$\mathcal{O}(x)$ は、x と同じオーダー、という意味の記号です。実際の数値計算では、真の値 $y_{\mathrm{true}}(x_n)$ はわからないため、何らかの方法で誤差を評価します。評価した誤差が大きければより小さな刻み幅 h を選び、誤差が小さければより大きな h を選ぶということが可能であれば、刻み幅を調節しながら計算することが可能になります。

誤差を評価するために、$q > p$ となるような q 次のルンゲ・クッタ法を考えます。このルンゲ・クッタ法で得られる値 $\tilde{y}(c_n)$ の真の値との誤差は、

$$\tilde{y}(x_n) - y_{\mathrm{true}}(x_n) = \mathcal{O}(h^q)$$

です。p 次と q 次の二つのルンゲ・クッタ法の値の差を取ると、

$$y(x_n) - \tilde{y}(x_n) = \mathcal{O}(h^q)$$

となり、真の値を求めることなく、q 次のルンゲ・クッタ法が真の値からどのくらいずれているかを見積もることができます。ここで、$q > p$ より誤差は大きいほうで決まることを使っています。

ある $x = x_n$ において刻み幅 h を用いて $y(x_{n+1})$ の誤差を評価した際に

$$|y(x_{n+1}) - \tilde{y}(x_{n+1})| = Ch^q$$

だったとします。次は、 $x = x_{n+1}$ と $y(x_{n+1})$ を使い、刻み幅 h' だけずれた点 $x_{n+2} = x_{n+1} + h'$ での値を計算します。このときの誤差は

$$|y(x_{n+2}) - \tilde{y}(x_{n+2})| = C'h'^q$$

と書けます。もし h と h' が十分に小さければ $C \sim C'$ となるでしょう。このとき、誤差が ϵ 以下になるように h' を選ぶこととします。つまり、

$$\frac{|y(x_{n+1}) - \tilde{y}(x_{n+1})|}{h^q} \sim \frac{|y(x_{n+2}) - \tilde{y}(x_{n+2})|}{h'^q} \leq \frac{\epsilon}{h'^q}$$

$$\frac{|y(x_{n+1}) - \tilde{y}(x_{n+1})|}{h^q} \leq \frac{\epsilon}{h'^q}$$

となるような h' を求めます。この式を変形すると、

$$h' \leq h\left(\frac{\epsilon}{|y(x_{n+1}) - \tilde{y}(x_{n+1})|}\right)^{1/q}$$

という不等式が得られます。よって、

$$h' = \alpha h\left(\frac{\epsilon}{|y(x_{n+1}) - \tilde{y}(x_{n+1})|}\right)^{1/q}$$

を新しい h' として採用します。通常、 $\alpha = 0.9$ と選ぶことが多いようです。これが適応型ルンゲ・クッタ法です。 $|y(x_{n+1}) - \tilde{y}(x_{n+1})|$ の計算ですが、どちらも同じ s 段のルンゲ・クッタ法であるとすると、

$$|y(x_{n+1}) - \tilde{y}(x_{n+1})| = h\sum_{i=1}^{s}|b_i - \tilde{b}_i|k_i$$

という簡単な形にすることができます。適応型ルンゲ・クッタ法を行うためにブッチ

ャー配列を拡張し、

$$
\begin{array}{c|ccccc}
0 & & & & & \\
c_2 & a_{21} & & & & \\
c_3 & a_{31} & a_{32} & & & \\
\vdots & \vdots & & \ddots & & \\
c_s & a_{s,1} & a_{s,2} & \cdots & a_{s,s-1} & \\
\hline
 & b_1 & b_2 & \cdots & b_{s-1} & b_s \\
 & \tilde{b}_1 & \tilde{b}_2 & \cdots & \tilde{b}_{s-1} & \tilde{b}_s
\end{array}
$$

のように係数 a, c が共通で b だけが異なる二つのルンゲ・クッタ法をまとめて表現します。適応型ルンゲ・クッタ法で有名なものとしては、ルンゲ・クッタ・フェールベルグ法が知られており、その場合のブッチャー配列は

$$
\begin{array}{c|cccccc}
0 & & & & & & \\
1/4 & 1/4 & & & & & \\
3/8 & 3/32 & 9/32 & & & & \\
12/13 & 1932/2197 & -7200/2197 & 7296/2197 & & & \\
1 & 439/216 & -8 & 3680/513 & -845/4104 & & \\
1/2 & -8/27 & 2 & -3544/2565 & 1859/4104 & -11/40 & \\
\hline
 & 16/135 & 0 & 6656/12825 & 28561/56430 & -9/50 & 2/55 \\
 & 25/216 & 0 & 1408/2565 & 2197/4104 & -1/5 & 0
\end{array}
$$

となります。この方法の場合、 b_i は5次、 $\tilde{b}_i$ は4次の精度を持ちます。

例題 6.3

ルンゲ・クッタ・フェールベルグ法を用いて、サンプルの常微分方程式を解く関数を作成せよ。xは0から1までとする。適当な微分方程式を解いてみよ。

解答

まず、ルンゲ・クッタ・フェールベルグ法で用いるブッチャー配列を生成する関数

```
001 function get_RKF_coeffs()
002     a = [
003             0          0           0           0         0     0
004             1/4          0           0           0         0     0
005             3/32         9/32          0           0         0     0
006         1932/2197  -7200/2197   7296/2197       0         0     0
007         439/216        -8        3680/513    -845/4104    0     0
008         -8/27           2       -3544/2565   1859/4104  -11/40  0
009     ]
010     b =      [16/135,0,6656/12825,28561/56430,-9/50,2/55]
011     btilde = [25/216,0,1408/2565,2197/4104,-1/5,0]
012     c = [0,1/4,3/8,12/13,1,1/2]
013     return a,b,c,btilde
014 end
```

を作っておきます。あとは、任意のブッチャー配列に対応した適応型ルンゲ・クッタ法の関数を

```
001 function adaptiveRungeKutta(x0,xend,f,y0,a,b,c,btilde,q;h0=0.01,α=0.9,ϵ=1e-3
    )
002     h = h0
003     x = x0
004     y = y0
005     xdata = []
006     ydata = []
007     hdata = []
008     push!(ydata,y0)
```

```
009     push!(xdata,x0)
010     push!(hdata,h)
011     s = length(c)
012     k = zeros(s)
013     while x <= xend
014         k[1] = f(x,y)
015         for i=2:s
016             yp = y
017             for j=1:i-1
018                 yp += h*a[i,j]*k[j]
019             end
020             k[i] = f(x + c[i]*h,yp)
021         end
022         dy = 0.0
023         for i=1:s
024             y += h*b[i]*k[i]
025             dy += h*abs((b[i]-btilde[i])*k[i])
026         end
027         x += h
028         h = α*h*(ϵ/dy)^(1/q)
029         push!(ydata,y)
030         push!(xdata,x)
031         push!(hdata,h)
032     end
033     return xdata,ydata,hdata
034 end
```

のように作っておきます。

試しに解いてみる微分方程式としてRiccati型の非線形微分方程式:

$$
\begin{aligned}
\frac{dy}{dx} &= -2y - \Delta(x)y^2 + \Delta(x) \\
\Delta(x) &= \tanh x \\
y(-10) &= 0
\end{aligned}
$$

を考えてみます。この方程式を $x = -10$ から $x = 10$ まで解いてみましょう。そのコードは

```
001 function test06_addaptiveRungeKutta()
002     x0 = -10
003     xend = 10
004     y0 = 0
005     Δ(x) = tanh(x)
006     f(x,y) = -2*y - Δ(x)*y^2 + Δ(x)
007 
008     a,b,c,btilde = get_RKF_coeffs()
009     q =4
010     xdata,ydata,hdata=adaptiveRungeKutta(x0,xend,f,y0,a,b,c,btilde,q,ϵ=1e-4)
011 
012     scatter(xdata,ydata,label = "Runge-Kutta-Fehlberg")
013     savefig("Riccati.png")
014 end
015 test06_addaptiveRungeKutta()
```

となります。得られるグラフは下図のようになります。急激に変化する場所での評価点が多くなっていることがわかると思います。

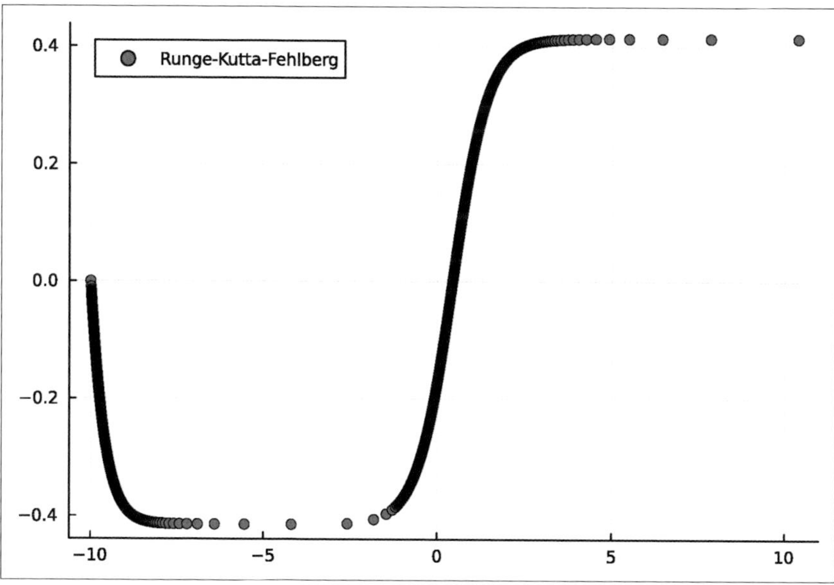

図 Riccati方程式の解

6-5 高階常微分方程式の解法

最初に述べましたように、高階の常微分方程式は連立一階微分方程式に変形することができます。ここでは、宇宙物理学や流体力学で現れるレーン=エムデン方程式を解いてみましょう。レーン=エムデン方程式は

$$\frac{1}{\xi^2}\frac{d}{d\xi}\left(\xi^2\frac{d\theta}{d\xi}\right)+\theta^n=0$$
$$\theta(0)=1$$
$$\left.\frac{d\theta}{d\xi}\right|_{\xi=0}=0$$

と表される方程式です。ここで、n はパラメータで、ある n が与えられたときの $\theta(\xi)$ を求めることが目的です。この方程式は、$n=0,1,5$ の時の解析解が知られていて、

$$\theta(\xi)=1-\frac{\xi^2}{6},\ n=0$$
$$\theta(\xi)=\frac{\sin\xi}{\xi},\ n=1$$
$$\theta(\xi)=\left(1+\frac{\xi^2}{3}\right)^{-1/2},\ n=5$$

となります。

この常微分方程式を数値的に解くために、$\bar{\theta}=d\theta/d\xi$ と定義し、

$$\frac{d\bar{\theta}}{d\xi}=-\frac{2}{\xi}\bar{\theta}-\theta^n$$
$$\frac{d\theta}{d\xi}=\bar{\theta}$$
$$\theta(0)=1$$
$$\bar{\theta}(0)=0$$

と方程式を整理します。あとは、θ と $\bar{\theta}$ という二変数の連立一階微分方程式を解けばいいことになります。

Q 例題 6.4

ルンゲ・クッタ・フェールベルグ法を用いて、レーン=エムデン方程式を解け。
また、解析解と結果を比較したプロットを作成せよ。

A 解答

上で作成したルンゲ・クッタ・フェールベルグ法を連立一階微分方程式が解けるように改良します。変更点は、関数 f と y が配列として与えられるということです。そのため、

```
001 function adaptiveRungeKutta(x0,xend,f,y0::AbstractVector{T},a,b,c,btilde,q;h
    0=0.01,α=0.9,ϵ=1e-3) where T
002     numeq = length(y0)
003     h = h0
004     x = x0
005     y = zeros(numeq)
006     y .= y0
007     xdata = []
008     ydata = Vector{Vector{Float64}}(undef,numeq)
009     for n=1:numeq
010         ydata[n] = []
011     end
012     hdata = []
013     for n=1:numeq
014         push!(ydata[n],y0[n])
015     end
016     push!(xdata,x0)
017     push!(hdata,h)
018     s = length(c)
019     k = zeros(numeq,s)
020     yp = zeros(numeq)
021     dy = zeros(numeq)
022     while x <= xend
023         for n=1:numeq
024             k[n,1] = f[n](x,y)
```

```
025         end
026         for i=2:s
027             yp .= y
028             for j=1:i-1
029                 for n=1:numeq
030                     yp[n] += h*a[i,j]*k[n,j]
031                 end
032             end
033             for n=1:numeq
034                 k[n,i] = f[n](x + c[i]*h,yp)
035             end
036         end
037         dy .= 0.0
038         for i=1:s
039             for n=1:numeq
040                 y[n] += h*b[i]*k[n,i]
041                 dy[n] += h*abs((b[i]-btilde[i])*k[n,i])
042             end
043         end
044         x += h
045         dymax = max(dy...)
046 
047         h = α*h*(ϵ/dymax)^(1/q)
048         for n=1:numeq
049             push!(ydata[n],y[n])
050         end
051         push!(xdata,x)
052         push!(hdata,h)
053     end
054     return xdata,ydata,hdata
055 end
```

のような関数となります。ここで、多重ディスパッチを用いて、引数y0がベクトルとなっている時のみこのメソッドを呼び出すようにしています。なお、刻み幅を決める際には、一番大きな誤差に合わせる形にしています。 解析解と比較したグラフをプロットするコードは、

```
001 function test06_addaptiveRungeKutta_vector()
002     a,b,c,btilde =get_RKF_coeffs()
003     q =4
004     ξ0 = 1e-16
005     ξend = 4
006     θ0 = [1,0]
007     yexact_0(ξ) = 1-ξ^2/6
008     yexact_1(ξ) = sin(ξ)/ξ
009     yexact_5(ξ) = (1+ξ^2/3)^(-1/2)
010     ns = [0,1,5]
011     for n in ns
012         f1(ξ,θ) = θ[2]
013         f2(ξ,θ) = -2*θ[2]/ξ - θ[1]^n
014         f = [f1,f2]
015         xdata,ydata,hdata = adaptiveRungeKutta(ξ0,ξend,f,θ0,a,b,c,btilde,q,ϵ
    =1e-3)
016         if n==0
017             yexactdata = yexact_0.(xdata)
018         elseif n==1
019             yexactdata = yexact_1.(xdata)
020         elseif n==5
021             yexactdata = yexact_5.(xdata)
022         end
023         scatter!(xdata,ydata[1],label = "Runge-Kutta-Fehlberg n = $n",ylims=
    (0,1.2))
024 
025         plot!(xdata,yexactdata,label = "Analytical n = $n",ylims=(0,1.2))
026     end
027     savefig("LK.png")
028 end
029 test06_addaptiveRungeKutta_vector()
```

のようになります。ここで、厳密に $\xi = 0$ の時には微分方程式の右辺にゼロ割りが発生してしまうため、 $\xi = 10^{-16}$ と極めて小さな正の値にしています。得られたグラフは下図の通りです。どの次数でもちゃんと解析解と一致していることがわかります。

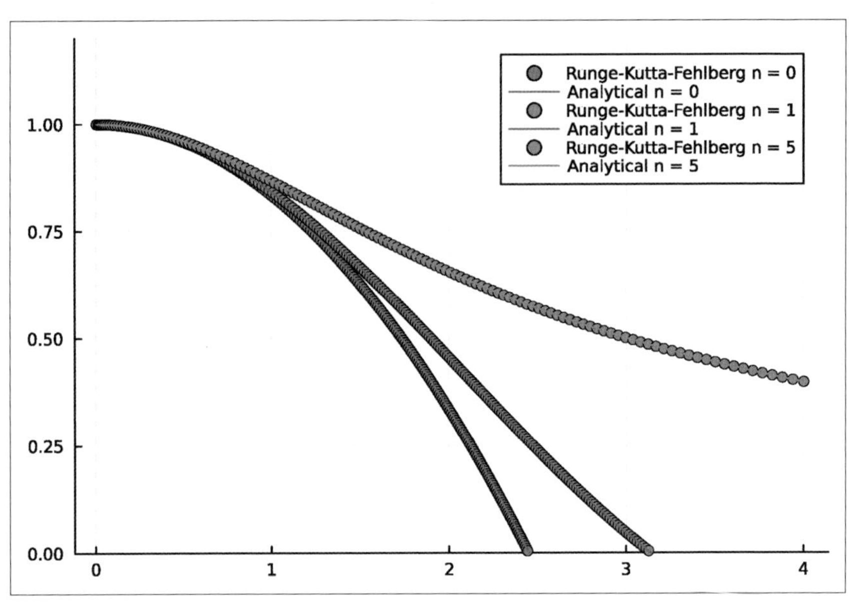

図 レーン=エムデン方程式の解

6-6 作成した関数

本章で作成した関数とその機能についてです。これらは06.jlに定義されているはずです。

- euler(x0,xend,f,y0,h):オイラー法
- rk4(x0,xend,f,y0,h):4段4次のルンゲ・クッタ法
- runge_kutta(x0,xend,f,y0,h,a,b,c):ブッチャー配列を用いたルンゲ・クッタ法
- get_RKF_coeffs():ルンゲ・クッタ・フェールベルグ法で用いるブッチャー配列を生成
- adaptiveRungeKutta(x0,xend,f,y0,a,b,c,btilde,q;h0=0.01,α=0.9,ϵ=1e-3):刻み幅可変の適応型ルンゲ・クッタ法
- adaptiveRungeKutta(x0,xend,f,y0::AbstractVector{T},a,b,c,btilde,q;h0=0.01,α=0.9,ϵ=1e-3) where T:連立常微分方程式のための刻み幅可変の適応型ルンゲ・クッタ法

CHAPTER 7 偏微分方程式

第6章においては、常微分方程式を扱いました。これは、独立変数が一つ、得られる解が一変数関数の微分方程式でした。一方、独立変数が二つ以上ある多変数関数を解とするような微分方程式のことを偏微分方程式と呼び、さまざまな分野において頻繁に現れます。例えば、物理学分野においては、

$$\frac{\partial u(x,t)}{\partial t} = \kappa \frac{\partial^2 u(x,t)}{\partial x^2}$$

という偏微分方程式は一次元熱伝導方程式と呼ばれ、時刻 t 位置 x における温度 $u(x,t)$ が時間とともにどのように変化するかを表す式です。また、

$$\frac{\partial^2 V(x,y)}{\partial x^2} + \frac{\partial^2 V(x,y)}{\partial y^2} = \rho(x,y)$$

という偏微分方程式は二次元ポアソン方程式と呼ばれ、これを解くことで電荷分布 $\rho(x,y)$ が与えられたときに生じる電位 $V(x,y)$ の空間分布を求めることができます。以下では、これら二つの方程式を数値的に解く方法について見ていくことにします。

7-1 時間発展に関する偏微分方程式の解法

上で述べた一次元熱伝導方程式は、時間と共に温度分布が変化していく方程式です。これは、ある初期時刻 $t = t_0$ にける温度分布 $u(x,t_0)$ が与えられているとき、その時間発展を求める問題となります。空間座標 x も時刻 t も連続変数ですが、コンピュータ上では連続変数を扱うことはできないため、何らかの離散化をする必要があります。

一番シンプルな方法の一つとしては、空間座標 x を N 個の点 $x_1, x_2, \cdots, x_N$ と離散化しその場所における温度 $u(x_1,t), u(x_2,t), \cdots, u(x_N,t)$ の時間変化を

追いかける、という方法があります。x を離散化したとき、二階微分 $\dfrac{\partial^2 u(x,t)}{\partial x^2}$ はどうなるでしょうか。差分化した際の幅を $h \equiv x_i - x_{i-1}$ とすると、変数 x に関するテイラー展開：

$$
\begin{aligned}
u(x_i + h, t) &= u(x_i, t) + \frac{\partial u}{\partial x}\Big|_{x=x_i} h + \frac{1}{2}\frac{\partial^2 u}{\partial x^2}\Big|_{x=x_i} h^2 + \cdots, \\
u(x_i - h, t) &= u(x_i, t) - \frac{\partial u}{\partial x}\Big|_{x=x_i} h + \frac{1}{2}\frac{\partial^2 u}{\partial x^2}\Big|_{x=x_i} h^2 + \cdots,
\end{aligned}
$$

が得られるため、$x = x_i$ における二階微分は

$$
\frac{\partial^2 u}{\partial x^2}\Big|_{x=x_i} \sim \frac{u(x_i + h, t) - 2u(x_i, t) + u(x_i - h, t)}{h^2}
$$

と近似することができます。その結果、偏微分方程式は

$$
\frac{\partial u_i(t)}{\partial t} = \frac{\kappa}{h^2}(u_{i+1}(t) - 2u_i(t) + u_{i-1}(t))
$$

という連立常微分方程式になります。ここで、$u_i(t) \equiv u(x_i, t)$ です。

さて、左辺の時間微分も $t_1, \cdots, t_j, \cdots, t_M$ のように離散的な時刻に対するものに置き換えてみましょう。常微分方程式の解法で出てきたように、一階微分はオイラー法を用いて近似すると

$$
\frac{u_i(t_{j+1}) - u_i(t_j)}{\Delta t} = \frac{\kappa}{h^2}\big(u_{i+1}(t_j) - 2u_i(t_j) + u_{i-1}(t_j)\big)
$$

という方程式が得られます。この方程式を整理すると、時刻 t_{j+1} での温度 $u_i(t_{j+1})$ が

$$
u_i(t_{j+1}) = u_i(t_j) + \frac{\kappa \Delta t}{h^2}(u_{i+1}(t) - 2u_i(t) + u_{i-1}(t))
$$

のように時刻 t_j での温度分布から求められます。つまり、初期時刻での温度さえ与えられていれば、逐次的に未来の時刻 t_j の温度が求まることになります。この方法を陽的解法と呼びます。この方法は、時間微分はテイラー展開の一次から来ているため、刻み幅に対して一次の精度を持ちます、一方、空間微分はテイラー展開の二次の項を用いており、刻み幅に対して二次の精度を持ちます。

例題として、以下のような初期条件

$$u(t=0,x)=\begin{cases}1 & 0.4 \le x \le 0.6 \\ 0 & \text{それ以外}\end{cases}$$

が与えられた一次元熱伝導方程式を考えることにします。空間方向は $0 \le x \le 1$ を考えるとします。

Q 例題 7.1

陽的解法を用いて例題の一次元熱伝導方程式を解く関数を作成せよ。

A 解答

離散化された空間の点と時間の点を用意された場合に熱伝導方程式を解く関数は、例えば、

```
001 using SparseArrays
002 function thermal_Euler(u0,xs,ts,κ)
003     Nx = length(xs)
004     Mt = length(ts)
005     us = zeros(Nx,Mt)
006 
007     h = xs[2]-xs[1]
008     Δt = ts[2]-ts[1]
009     D = spzeros(Nx,Nx)
010     a = κ*Δt/h^2
011     for i=1:Nx
012         j = i+1
013         if 1 <= j <= Nx
014             D[i,j] = a
015         end
016         j = i-1
017         if 1 <= j <= Nx
018             D[i,j] = a
019         end
```

```
020            j= i
021            D[i,j] = -2a
022        end
023
024        us[:,1] .= u0
025        for i=2:Mt
026            us[:,i] = us[:,i-1] + D*us[:,i-1]
027        end
028        return us
029    end
```

と書くことができます。ここで、疎行列用のパッケージSparseArraysを用いましたので、MyNumericsパッケージに追加してください。つまり、add SparseArraysをしてください。この関数を試すには、

```
001 using Plots
002 function test07_thermal_Euler()
003     u_0(x) = ifelse(0.4 <= x <= 0.6,1,0) #1/(1+exp(-10*(x-1/2)))
004     Nx = 32
005     Mt = 256*4
006     x0 = 0
007     x1 = 1
008     t0 = 0
009     t1 = 0.1
010     xs = range(x0,x1,length=Nx)
011     ts = range(t0,t1,length=Mt)
012     u0 = u_0.(xs)
013     println(u0)
014     κ = 1
015     us = thermal_Euler(u0,xs,ts,κ)
016     T = 2:64:Mt
017     for Ts in T
018         plot!(xs,us[:,Ts],label="")
019     end
020     plot!(xs,us[:,end],label="final")
021     savefig("thermal_tdep.png")
022 end
```

```
023  test07_thermal_Euler()
```

とすればいいでしょう。計算して得られた結果は下図の通りです。

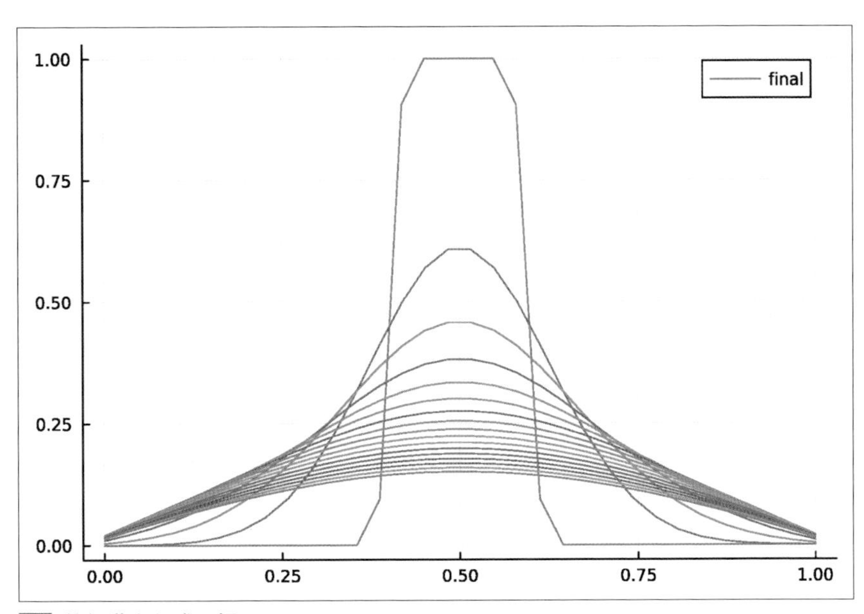

図 熱伝導方程式の解

上のコードでは空間方向の刻み幅をNx、時間方向の刻み幅をMtとしていますが、この値を適当に選んだ場合、解が発散してしまう場合があります。1次元熱伝導方程式の場合、オイラー法を用いると、

$$\vec{u}(t_j) = (\hat{1} + \hat{D}) \cdots (\hat{1} + \hat{D})\vec{u}(t = 0)$$

のように、初期値を表すベクトルに次々と同じ行列をかける形で時間発展が記述されます。 $\hat{1} + \hat{D}$ は対称行列なので対角化できますから、

$$\vec{u}(t_j) = P^{\mathrm{T}} \begin{pmatrix} (1+\lambda_1)^j & & \\ & \ddots & \\ & & (1+\lambda_N)^j \end{pmatrix} P\vec{u}(t = 0)$$

という形になります。ここで λ_k は $\hat{D}$ の固有値です。つまり、オイラー法において解が発散しないようにするためには、 $\frac{\kappa \Delta t}{h^2}$ に条件がかかります。この条件を調べる

にはフーリエ級数展開を用いる方法などがありますが、ここでは行列の固有値の存在範囲に関する定理であるゲルシュゴリンの定理を使ってみましょう。ゲルシュゴリンの定理によれば、 $N \times N$ の複素行列 A の各成分を a_{ij} とし、

$$R_i = \sum_{j \neq i} |a_{ij}|$$

を半径、 a_{ii} を中心とする閉円板 $D(a_{ii}, R_i)$ というものを考えます。このとき、「 A の任意の固有値は少なくとも一つのゲルシュゴリン円板 $D(a_{ii}, R_i)$ の上に載っている」ということが言えます。証明はここでは省きます。

この定理を用いると、行列 $\hat{D}$ の場合、対角要素はどの i でも $-2\frac{\kappa \Delta t}{h^2}$ となり、半径は、端以外では $R_i = 2\frac{\kappa \Delta t}{h^2}$ となり、端では $\frac{\kappa \Delta t}{h^2}$ となります。つまり、行列 $\hat{D}$ の固有値は $-4\frac{\kappa \Delta t}{h^2} \leq \lambda_i \leq 0$ の中に必ず存在することになります。オイラー法で得られる解が発散しないためには $\hat{1} + \hat{D}$ の固有値の絶対値が1を超えない必要があるため、 $|1 - 4\frac{\kappa \Delta t}{h^2}| < 1$ が条件です。つまり、 $-1 < 1 - 4\frac{\kappa \Delta t}{h^2}$ を満たせばよくて、

$$\frac{1}{2} > \frac{\kappa \Delta t}{h^2}$$

という条件が得られます。

さて、上で紹介した陽的解法は時間方向と空間方向の差分の大きさの比 $\frac{\kappa \Delta t}{h^2}$ を適切に決めておかないと解が不安定化します。また、条件を満たしていても長時間計算していくと値が発散することがあります。これらの問題を解決する方法として、クランク・ニコルソン法があります。陽的解法においては、一階微分である時間微分は刻み幅に対して一次の精度、二階微分である空間微分は刻み幅に対して二次の精度でした。時間微分も二次の精度にするためには、時刻 t' におけるテイラー展開を

$$u(x, t' + k) = u(x, t') + \frac{\partial u}{\partial t}|_{t=t'} k + \frac{1}{2} \frac{\partial^2 u}{\partial t^2}|_{t=t'} k^2 + \cdots,$$
$$u(x, t' - k) = u(x, t') - \frac{\partial u}{\partial t}|_{t=t'} k + \frac{1}{2} \frac{\partial^2 u}{\partial t^2}|_{t=t'} k^2 + \cdots,$$

として、

$$\frac{\partial u}{\partial t}\Big|_{t=t'} \sim \frac{u(x,t'+k)-u(x,t'-k)}{2k}$$

とします。そして、時刻 t_j と時刻 $t_{j+1}=t_j+\Delta t$ の中間の時刻 $t_{j+1/2}=t_j+\Delta t/2$ における微分方程式を

$$\frac{\partial u(x,t_{j+1/2})}{\partial t}=\kappa\frac{\partial^2 u(x,t_{j+1/2})}{\partial x^2}$$

を考えます。$t'=t_{j+1/2}$, $k=\Delta t/2$ とすれば、この微分方程式の左辺は

$$\frac{\partial u(x,t_{j+1/2})}{\partial t}\sim\frac{u(x,t_{j+1})-u(x,t_j)}{\Delta t}$$

となります。一方、左辺については、陽的解法と同様に二階微分を差分化したところですが、$t_{j+1/2}$ という時刻は離散化した時刻 $t_0,\cdots,t_M$ のどれでもありません。そのため、そのときの温度 $u(x,t_{j+1/2})$ は決まりません。そこで、$u(x,t_{j+1/2})=(u(x,t_j)+u(x,t_{j+1}))/2$ のように、時刻 t_j と t_{j+1} の平均値とします。その結果、微分方程式は

$$\begin{aligned}\frac{u_i(t_{j+1})-u_i(t_j)}{\Delta t}&=\frac{\kappa}{2h^2}\big(u_{i+1}(t_j)-2u_i(t_j)+u_{i-1}(t_j)\big)\\&\quad+\frac{\kappa}{2h^2}\big(u_{i+1}(t_{j+1})-2u_i(t_{j+1})+u_{i-1}(t_{j+1})\big)\end{aligned}$$

となります。オイラー法のときのように行列とベクトルで表すと

$$\vec{u}(t_{j+1})-\vec{u}(t_j)=\frac{\hat{D}}{2}\vec{u}(t_j)+\frac{\hat{D}}{2}\vec{u}(t_{j+1})$$

となります。整理すると、

$$(\hat{1}-\frac{\hat{D}}{2})\vec{u}(t_{j+1})=(\hat{1}+\frac{\hat{D}}{2})\vec{u}(t_j)$$

となります。この方程式は $\vec{u}(t_{j+1})$ に関する連立方程式です。$\hat{D}$ は単純な三重対角行列ですので、この方程式は比較的簡単に解くことができます。このような形で時間

発展を計算する方法をクランク・ニコルソン法と呼びます。

Q 例題 7.2

クランク・ニコルソン法を用いて例題の一次元熱伝導方程式を解く関数を作成せよ。

A 解答

連立方程式の解法には、第1章で実装したガウス・ザイデル法を用いることにします。関数名はhanpuku_GaussSeidelでした。

コードはオイラー法を少しだけ修正することで作ることができます。例えば、

```
001 function crank_nicolson(u0,xs,ts,κ)
002     Nx = length(xs)
003     Mt = length(ts)
004     us = zeros(Nx,Mt)
005 
006     h = xs[2]-xs[1]
007     Δt = ts[2]-ts[1]
008     D = spzeros(Nx,Nx)
009     a = κ*Δt/h^2
010     for i=1:Nx
011         j = i+1
012         if 1 <= j <= Nx
013             D[i,j] = a
014         end
015         j = i-1
016         if 1 <= j <= Nx
017             D[i,j] = a
018         end
019         j= i
020         D[i,j] = -2a
021     end
022     A = sparse(I, Nx,Nx) - D/2
023     B = sparse(I, Nx,Nx) + D/2
```

```
024
025         us[:,1] .= u0
026         for i=2:Mt
027             us[:,i] = hanpuku_GaussSeidel(A,B*us[:,i-1])
028         end
029         return us
030     end
```

で良いでしょう。上のコードの空間と時間の分割数を変えることで、オイラー法では不安定となってしまった領域でもクランク・ニコルソン法では安定して解けることを確かめることができます。

7-2 二次元ポアソン方程式の解法

二次元ポアソン方程式は空間に関する二階微分方程式です。右辺の $\rho(x,y)$ が与えられている時、$V(x,y)$ の分布を求める問題となっています。先程の問題では時間 t と空間 x に関する偏微分方程式でしたが、今回は空間の座標 x 及び y に関する偏微分方程式です。空間の二階微分をこれまで通りにテイラー展開から求めると、

$$\frac{\partial^2 V(x,y)}{\partial x^2}+\frac{\partial^2 V(x,y)}{\partial y^2} \sim \frac{1}{h^2}\left(V_{i_x+1,i_y}+V_{i_x-1,i_y}+V_{i_x,i_y+1}+V_{i_x,i_y-1}-4V_{i_x,i_y}\right)$$

と近似することができます。ここで、x 座標を $x_1,\cdots,x_{i_x},\cdots,x_{N_x}$ 、y 座標を $y_1,\cdots,y_{i_y},\cdots,x_{N_y}$ のように離散化し、二次元空間を (x_{i_x},y_{i_y}) という格子状の点の集まりとしました。また、$V_{i_x,i_y}=V(x_{i_x},y_{i_y})$ としました。このような離散化をしたことによって、二次元ポアソン方程式は

$$\frac{1}{h^2}\sum_{j_x,j_y} D_{i_x,i_y,j_x,j_y} V_{j_x,j_y}=\rho_{i_x,i_y}$$

と書くことができます。ここで、$\rho_{i_x,i_y}=\rho(x_{i_x},y_{i_y})$ 、D_{i_x,i_y,j_x,j_y} は、

$$D_{i_x,i_y,j_x,j_y}=\delta_{i_x,j_x+1}\delta_{i_y,j_y}+\delta_{i_x,j_x-1}\delta_{i_y,j_y}+\delta_{i_x,j_x}\delta_{i_y,j_y+1}+\delta_{i_x,j_x}\delta_{i_y,j_y-1}-4\delta_{i_x,j_x}\delta_{i_y,j_y}$$

と定義しました。さらに、$i = (i_y - 1)N_x + i_x$ 、 $j = (j_y - 1)N_x + j_x$ という添字を用意すると、

$$\frac{1}{h^2} \sum_j D_{ij} V_j = \rho_i$$

となり、これは

$$\frac{1}{h^2} \hat{D} \vec{V} = \vec{\rho}$$

という連立方程式に帰着されます。以上から、この連立方程式をこれまで紹介した手法で解けばよい、ということになります。なお、微分方程式には必ず境界条件が存在していますが、この偏微分方程式の場合には、考えている二次元領域の境界における $V(x, y)$ がどうなるべきか、というものが条件となります。例えば、二次元領域の外側で $V(x, y)$ がゼロ（ディリクレ境界条件）であるならば、 $i_x = 1$ における方程式は $V_{0,i_y} = 0$ とすればよく、

$$\frac{1}{h^2}\left(V_{2,i_y} + V_{0,i_y} + V_{1,i_y+1} + V_{1,i_y-1} - 4V_{1,i_y}\right) \\ = \frac{1}{h^2}\left(V_{2,i_y} + V_{1,i_y+1} + V_{1,i_y-1} - 4V_{1,i_y}\right)$$

となります。これを行列 $\hat{D}$ に反映させればいいわけです。

以下のような例題を、複数の方法で解いてみることにします。

- **例題： $0 \le x \le L$ 、 $0 \le y \le L$ の正方形領域がある。この正方形領域の中で、 $\rho(x, y)$ が、**

$$\rho(x, y) = \sin(\pi x / L)^2 \sin(\pi y / L)$$

と与えられているとする。正方形領域の外側では $\rho(x, y)$ は 0 としたとき、$V(x, y)$ を求めよ。

Q 例題 7.3

上の例題をガウス・ザイデル法を用いて解け。

A 解答

まず、ポアソン方程式を差分化して得られる行列を作成する関数を作成します。x 方向の刻み幅をNx、y 方向の刻み幅をNyとすると、

```
001 using SparseArrays
002 function make_D(Nx,Ny)
003     N = Nx*Ny
004     D = spzeros(N,N)
005     ds = [(1,0),(-1,0),(0,1),(0,-1)]
006     for ix=1:Nx
007         for iy=1:Ny
008             i = (iy-1)*Nx + ix
009             for d in ds
010                 jx = ix + d[1]
011                 jy = iy + d[2]
012                 j = (jy-1)*Nx + jx
013                 if 1 <= jx <= Nx && 1 <= jy <= Ny
014                     D[i,j] = 1
015                 end
016             end
017             D[i,i] = -4
018         end
019     end
020     return D
021 end
```

という関数で作成することができます。

ガウス・ザイデル法は第1章ですでに実装しています。そこで、hanpuku_GaussSeidelという関数を使うことで問題を解くことにします。コードは

```
001 function test07_GaussSeidel()
002     Nx = 10
003     Ny = 10
004     N = Nx*Ny
005     L = 1
006     x0 = 0.0
007     x1 = L
008     y0 = 0.0
009     y1 = L
010     xs = range(x0,x1,length=Nx)
011     ys = range(y0,y1,length=Ny)
012     h = xs[2]-xs[1]
013     D = make_D(Nx,Ny)
014     ρ(x,y) = sin(π*x/L)^2*sin(π*y/L)
015     vec_ρ = zeros(N)
016     for ix=1:Nx
017         for iy=1:Ny
018             i = (iy-1)*Nx + ix
019             x = xs[ix]
020             y = ys[iy]
021             vec_ρ[i] = ρ(x,y)
022         end
023     end
024     V = hanpuku_GaussSeidel(D/h^2,vec_ρ)
025     println("V = ", V)
026     Vans = D/h^2 \ vec_ρ #Juliaの標準機能で解いてみます
027     println("Vans = ", Vans)
028     println(sum(abs,(V-Vans)))
029 end
030 test07_GaussSeidel()
```

となります。

Q 例題 7.4

上の例題を共役勾配法を用いて解け。

A 解答

共役勾配法は疎行列（行列の要素がほとんどゼロである行列）の連立方程式を解く手法として強力な手法です。その関数は第１章においてconjugate_gradient!という関数として実装済みです。ガウス・ザイデル法のコードのhanpuku_GaussSeidelの部分をconjugate_gradient!と置き換えることで実装できます。具体的には V = hanpuku_GaussSeidel(D/h^2,vec_ρ)の部分を

```
024  V = zero(vec_ρ)
025  eps = 1e-12
026  conjugate_gradient!(D/h^2,vec_ρ,V,eps)
```

に置き換えてください。

7-3 有限要素法

偏微分方程式を数値的に解く強力な手法として、有限要素法があります。差分法では空間を離散的な点の集まりと見なし、その上で微分演算子を差分化していましたが、有限要素法は少しやり方が異なっています。有限要素法はさまざまな偏微分方程式に適用できる汎用的な手法なので、この章で解説をすることにします。

先ほどから解いている二次元ポアソン方程式を有限要素法で解く方法を解説してもいいのですが、一次元系の方がよりわかりやすいため、一次元系のポアソン方程式を解く方法について詳述します。つまり、

$$
\frac{\partial^2 V(x)}{\partial x^2} = \rho(x)
$$

を有限要素法で解くことにします。なお、$0 \leq x \leq L$ という領域を考え、$V(0) = V(L) = 0$ という境界条件（ディリクレ条件）を与えているとします。$\rho(x)$ は例題として、

$$\rho(x) = \sin(\pi x/L)^2$$

としておきます。

方程式を変形します。まず両辺にある関数 $w(x)$ をかけ、積分をすると、

$$\int_0^L dxw(x)\frac{\partial^2 V(x)}{\partial x^2} = \int_0^L dxw(x)\rho(x)$$

となりますが、 $V(x)$ が元の微分方程式の解であれば、上の式は満たされます。また、ここでは証明を省略しますが、上の式を満たす $V(x)$ は元の微分方程式の解になります。左辺を部分積分すると、

$$-\int_0^L dx\left(\frac{\partial w(x)}{\partial x}\right)\left(\frac{\partial V(x)}{\partial x}\right) + \int_0^L dx\left(w(x)\frac{\partial V(x)}{\partial x}\right) = \int_0^L dxw(x)\rho(x)$$

となりますが、境界条件 $V(0) = V(L) = 0$ から左辺の第二項はゼロになります。

この方程式を解くための方法の一つとして、ガラーキン法があります。ガラーキン法では、解を

$$V(x) = \sum_{j=1} u_j\phi_j(x)$$

と近似し、係数 u_j を決めることで解を求めます。ここで、係数は N 個あるため、式も N 本必要です。そのためには、 N 種類の $w(x)$ を用意すれば、 N 本の連立方程式が得られ、それを解けば u_j が求まります。ガラーキン法では $w(x) = \phi_i(x)$ とします。つまり、

$$-\int_0^L dx\left(\frac{\partial\phi_i(x)}{\partial x}\right)\left(\frac{\partial\sum_{j=1} u_j\phi_j(x)}{\partial x}\right) = \int_0^L dx\phi_i(x)\rho(x)$$

という方程式が $i = 1, N$ の N 本あります。この方程式を整理すると、

$$\sum_j K_{ij}u_j = f_i$$

という連立方程式で書けます。ここで、

$$K_{ij} = -\int_0^L dx \left(\frac{\partial \phi_i(x)}{\partial x}\right)\left(\frac{\partial \phi_j(x)}{\partial x}\right)$$

$$f_i = \int_0^L dx \phi_i(x)\rho(x)$$

です。つまり、行列 K の行列要素 K_{ij} を求め、連立方程式 $K\vec{u} = \vec{f}$ を解けば u_j が得られ、解が求まります。 i, j の入れ替えをしても値は変化しないため、 K は対称行列です。

次に、 $\phi_i(x)$ の具体形を用意します。一次元の有限要素法では、 $0 \le x \le L$ という領域を N 分割します。このとき、結節点の数は $x_0 = 0$ から $x_N = L$ の $N + 1$ です。そして、 $\phi_i(x)$ は $x = x_i$ で1、 $x = x_{i-1}$ 及び $x = x_{i+1}$ で0となる関数とします。このとき、 $x = x_{i-1}$ から $x = x_i$ までは増加する一次関数、 $x = x_i$ から $x = x_{i+1}$ までは減少する一次関数であるとします。つまり、

$$\phi_i(x) = \begin{cases} \frac{x - x_{i-1}}{x_i - x_{i-1}}, & x_{i-1} \le x < x_i \\ \frac{x_{i+1} - x}{x_{i+1} - x_i}, & x_i \le x < x_{i+1} \\ 0 & \text{それ以外} \end{cases}$$

とします。このように定義された $\phi_i(x)$ を用いると、 K_{ij} は、 $j = i - 1, i = j$, $j = i + 1$ を満たす場合にしか値がありません。よって、

$$\begin{aligned} K_{ii} &= -\int_{x_{i-1}}^{x_i} dx \left(\frac{\partial}{\partial x}\left(\frac{x - x_{i-1}}{x_i - x_{i-1}}\right)\right)^2 - \int_{x_i}^{x_{i+1}} dx \left(\frac{\partial}{\partial x}\left(\frac{x_{i+1} - x}{x_{i+1} - x_i}\right)\right)^2 \\ &= -\frac{1}{x_i - x_{i-1}} - \frac{1}{x_{i+1} - x_i} \\ K_{ii+1} &= -\int_{x_i}^{x_{i+1}} dx \frac{\partial}{\partial x}\left(\frac{x_{i+1} - x}{x_{i+1} - x_i}\right)\frac{\partial}{\partial x}\left(\frac{x - x_i}{x_{i+1} - x_i}\right) \\ &= \frac{1}{x_{i+1} - x_i} \end{aligned}$$

が得られます。 f_i も同様に計算すると、

$$f_i = \int_{x_{i-1}}^{x_i} dx \rho(x) \frac{x - x_{i-1}}{x_i - x_{i-1}} + \int_{x_i}^{x_{i+1}} dx \rho(x) \frac{x_{i+1} - x}{x_{i+1} - x_i}$$

となりますが、簡単のため、 $\rho(x)$ はそれぞれの領域では中点での値を用いると、

$$
\begin{aligned}
f_i &= \int_{x_{i-1}}^{x_i} dx\rho(x)\frac{x - x_{i-1}}{x_i - x_{i-1}} + \int_{x_i}^{x_{i+1}} dx\rho(x)\frac{x_{i+1} - x}{x_{i+1} - x_i} \\
&= \rho\left(\frac{x_i + x_{i-1}}{2}\right)\frac{x_i - x_{i-1}}{2} + \rho\left(\frac{x_{i+1} + x_i}{2}\right)\frac{x_{i+1} - x_i}{2}
\end{aligned}
$$

となります。

二次元以上の系の場合には、領域を適当に分割し、その領域内で $\phi_j(\vec{r})$ の関数形を近似することで有限要素法を実行することができます。この関数 $\phi_j(\vec{r})$ が領域内で微分が可能であり、その領域内で積分を解析的に実行できるのであれば、有限要素法の枠組みに載せることができ、計算が可能です。二次元系の場合には、領域を三角形の集まりとして分割することが多いです。

Q 例題 7.5

有限要素法で一次元ポアソン方程式を解く関数を作成せよ。引数は結節点の座標の集まりと、その座標点での右辺の値とせよ。また、差分法で解く関数も作成し、両者を比較せよ。

A 解答

まず、境界条件は $V(0) = V(L) = 0$ というディリクレ条件となっています。このとき、 $V(L) = 0$ が意味するのは $i = N$ での係数 u_N が $u_N = 0$ であることを意味しています。つまり、 $i = N$ の方程式をは解く必要がありません。よって、決めるべき係数は $u_1, \cdots, u_{N-1}$ となり、行列 K のサイズは $N - 1 \times N - 1$ となります。 これを踏まえ、行列 K を作る関数は

```
001 function make_Kij(xs)
002     N = length(xs)-1
003     K = spzeros(N-1,N-1)
004     for i=1:N-1
005         j = i
006         K[i,i] += -1/(xs[i+1]-xs[i-1+1])
007         if i < N
008             K[i,i] += -1/(xs[i+1+1]-xs[i+1])
009         end
010 
011         if i < N-1
012             j = i+1
013             K[i,j] += 1/(xs[i+1+1]-xs[i+1])
014         end
015 
016         j = i-1
017         if i > 1
018             K[i,j] += 1/(xs[i+1]-xs[i-1+1])
019         end
020     end
021     return K
022 end
```

となります。次に、ベクトル $\vec{f}$ を作る関数は

```
001 function make_fi(xs,ρ)
002     N = length(xs)-1
003     f = zeros(N-1)
004     for i=1:N-1
005         xm = (xs[i+1]+xs[i-1+1])/2
006         f[i] += ρ(xm)*(xs[i+1]-xs[i-1+1])/2
007         if i < N
008             xp = (xs[i+1+1]+xs[i+1])/2
009             f[i] += ρ(xp)*(xs[i+1+1]-xs[i+1])/2
010         end
011     end
012     return f
```

```
013 end
```

です。あとは、この二つを組み合わせて連立方程式を解けばいいのですから、

```
001 function finiteelements(xs,ρ)
002     K = make_Kij(xs)
003     f = make_fi(xs,ρ)
004     LU!(K)
005     x = solve_withLU!(K,f)
006     V = zero(xs)
007     V[begin+1:end-1] .= x
008     return V
009 end
```

となります。ここで、xsは $x_0 = 0$ から $x_N = L$ までの $N+1$ 点の座標が入っているとしています。そして、境界条件から、$V_0 = V_N = 0$ としています。

一方、一次元ポアソン方程式を差分法で解くには、微分演算子を差分化すればよいので、

```
001 function make_D(N)
002     D = spzeros(N,N)
003     ds = (-1,1)
004     for i=1:N
005         for d in ds
006             j = i +d
007             if 1 <= j <= N
008                 D[i,j] += 1
009             end
010         end
011         D[i,i] += -2
012     end
013     return D
014 end
```

という関数を使います。

両者を比較するには、

```
001 using LinearAlgebra
002 function test07_finiteelement()
003     L = 1
004     ρ(x) =sin(π*x/L)^2
005     N = 100
006     xs = range(0,L,length=N+1)
007     V = finiteelements(xs,ρ)
008     plot(xs,V,labels="FEM")
009     h = xs[2]-xs[1]
010     D = make_D(N-1)/h^2
011     Dtmp = deepcopy(D)
012     ρvec = ρ.(xs)[begin+1:end-1]
013     ρtmp = deepcopy(ρvec)
014     LU!(Dtmp)
015     xsabun = solve_withLU!(Dtmp,ρtmp)
016     Vsabun = zero(xs)
017     Vsabun[begin+1:end-1] .= xsabun
018     plot!(xs,Vsabun,labels="FDM")
019     savefig("FEM.png")
020 end
021 test07_finiteelement()
```

とします。なお、結節点が等間隔 $x_{i+1} - x_i = h$ であれば、i 番目の方程式は

$$\frac{1}{h}u_{i-1} - \frac{2}{h}u_i + \frac{1}{h}u_{i+1} = \rho\left(\frac{x_i + x_{i-1}}{2}\right)\frac{h}{2} + \rho\left(\frac{x_{i+1} + x_i}{2}\right)\frac{h}{2}$$

となり、両辺を h を割ると、

$$\frac{1}{h^2}(u_{i-1} - 2u_i + u_{i+1}) = \frac{\rho\left(\frac{x_i + x_{i-1}}{2}\right) + \rho\left(\frac{x_{i+1} + x_i}{2}\right)}{2}$$

となります。そして $\rho\left(\dfrac{x_i + x_{i-1}}{2}\right) + \rho\left(\dfrac{x_{i+1} + x_i}{2}\right) = \rho(x_i)$ であれば、この方程式は微分方程式を差分化して得られる方程式と同じになっています。

7-4 作成した関数

本章で作成した関数とその機能についてです。これらは07.jlに定義されているはずです。

- thermal_Euler(u0,xs,ts,κ):一次元熱伝導方程式をオイラー法で解く
- crank_nicolson(u0,xs,ts,κ):一次元熱伝導方程式をクランクニコルソン法で解く
- make_D(Nx,Ny):二次元ポアソン方程式のラプラシアンを差分化して得られる行列を作成
- make_D(N):一次元ポアソン方程式のラプラシアンを差分化して得られる行列を作成
- finiteelements(xs,ρ):有限要素法で一次元ポアソン方程式を解く

付録　Jupyter Notebookを利用した環境作りと実行方法

本書ではJupyter Notebookについてはほとんど触れませんでしたが、Pythonなどを使ったことがある方であればJupyter Notebookは便利かもしれません。そこで、JuliaでJupyter Notebookを使用する方法について簡単にまとめておきます。

A-1 インストール

Jupyterを使うにはパッケージIJuliaのインストールが必要です。本書を参考に、何らかの方法でJuliaをインストールしてください。そして、REPLを立ち上げてください。そして、]キーを押してパッケージモードにし、add IJuliaでインストールしてください。インストールしたあとは、

```
using IJulia
notebook()
```

とするとJupyterが立ち上がります。お使いの環境次第ですが、

```
notebook()
install Jupyter via Conda, y/n? [y]:
```

のように聞かれるかもしれませんが、この場合はyキーを押せばJupyterがインストールされます。JupyterはMathematicaなどと似ており、コードを書いてから、shiftキー+enterキーを押すことでそのコードを実行することができます。

jupyter
File View Settings Help
Files | Running
Select items to perform actions on them.　New　Upload
/ … / 2022 / testfolder /

Name	Last Modified	File Size
Untitled.ipynb	2 minutes ago	72 B

図 Jupyter notebookの画面

これはブラウザ上で表示されています。右上のNewをクリックし、Notebookを選ぶと、新しいNotebookが作成されます。新しいNotebookを初めて開くと下図のようなカーネルの選択画面が出ますので、Julia 1.10.2(表示されるバージョンはインストールしているJuliaのバージョンに依ります)を選んでください。カーネル、とは、Jupyterで使う言語のことです。デフォルトでは、PythonとJuliaを選ぶことができます。左下の「Always start the preferred kernel」のチェックボックスにチェックを入れておくと、次回以降常に選択されたJuliaが使われます。

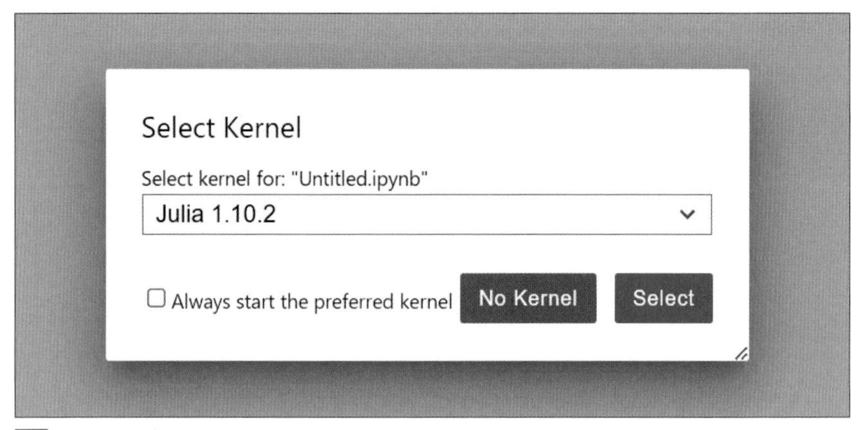

図 Kernel選択の画面

Jupyter Notebookは、Shiftキー+Enterキーで実行することができます。また、出力結果は入力のすぐ下に表示されます（下図参照)。

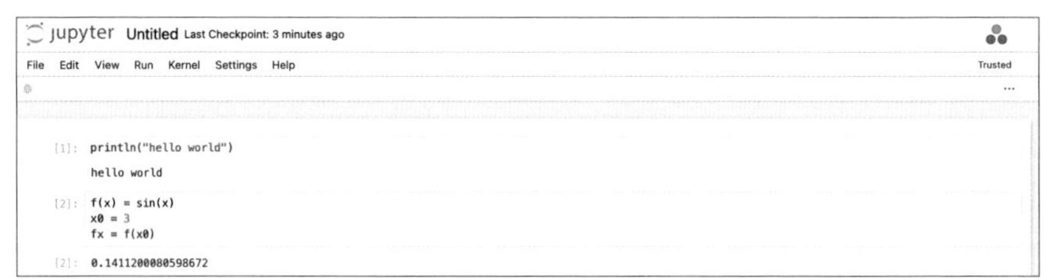

図 Jupyterノートブック（notebookが立ち上がった後の画面)

A-2 パッケージのインストール

Jupyter NotebookではREPLと違い]キーを押してパッケージモードにすることができません。しかし、パッケージは導入することができます。例えば、

```
using Pkg
Pkg.add("LinearAlgebra")
```

とすると、パッケージモードでadd LinearAlgebraを行ったのと同じ結果が得られます。

A-3 仮想環境

本書ではパッケージモードにおいてactivate .とすることで仮想環境に入っていました。Jupyter Notebookでは、

```
using Pkg
Pkg.activate(".")
```

がactivate .と同じです。

A-4 テスト

テストを行う場合にはパッケージモードでtestとしていましたが、これは

```
using Pkg
Pkg.test()
```

で可能です。これらを用いることで、本書の内容をJupyter notebook上で実行することが可能となります。

INDEX

記号・数字

A～D

F～L

M～R

S～W

あ行

か行

さ行

た行

な行

は行

ま行

や行

ら行

著者プロフィール

永井佑紀（ながいゆうき）

北海道生まれ。東京大学大学院理学系研究科物理学専攻博士課程修了。博士（理学）。
国立研究開発法人日本原子力研究開発機構研究員、米国マサチューセッツ工科大学物理学科客員研究員、理化学研究所革新知能統合研究センター客員研究員、日本原子力研究開発機構副主任研究員を経て、東京大学情報基盤センター学際情報科学研究部門准教授。
専門は物性理論、計算物理。近年では機械学習と物理学を組み合わせた研究も行っている。

■ お問い合わせについて

- ご質問は本書に記載されている内容に関するものに限定させていただきます。本書の内容と関係のないご質問には一切お答えできませんので、あらかじめご了承ください。
- 電話でのご質問は一切受け付けておりませんので、FAXまたは書面にて下記までお送りください。また、ご質問の際には書名と該当ページ、返信先を明記してくださいますようお願いいたします。
- お送り頂いたご質問には、できる限り迅速にお答えできるよう努力いたしておりますが、お答えするまでに時間がかかる場合がございます。また、回答の期日をご指定いただいた場合でも、ご希望にお応えできるとは限りませんので、あらかじめご了承ください。
- ご質問の際に記載された個人情報は、ご質問への回答以外の目的には使用しません。また、回答後は速やかに破棄いたします。

Juliaではじめる数値計算入門

2024年5月25日　初版　第1刷発行

著　者	永井佑紀
発行者	片岡　巌
発行所	株式会社技術評論社 東京都新宿区市谷左内町 21-13 電話　03-3513-6150　販売促進部 　　　03-3267-2270　書籍編集部
装丁	末吉 亮（図工ファイブ）
本文デザイン	横塚あかり（リブロワークス）
DTP	横塚あかり（リブロワークス）
印刷／製本	港北メディアサービス株式会社

ISBN978-4-297-14128-8 C3055　　Printed in Japan

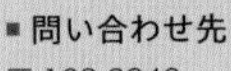

■ 問い合わせ先

〒162-0846
東京都新宿区市谷左内町 21-13
株式会社技術評論社 書籍編集部

「Juliaではじめる数値計算入門」
質問係

FAX：03-3267-2271
URL：https://book.gihyo.jp/116